动物的智慧

读懂这些，你的人生豁然开朗

修订版
REVISED EDITION

江凤鸣◎编著

中国華僑出版社

图书在版编目(CIP)数据

动物的智慧:读懂这些,你的人生豁然开朗 / 江凤鸣编著.—北京:中国华侨出版社,2012.5(2015.7 重印)

ISBN 978-7-5113-2306-4-01

Ⅰ.①动… Ⅱ.①江… Ⅲ.①人生哲学-通俗读物 Ⅳ.①B821-49

中国版本图书馆 CIP 数据核字(2012)第 069825 号

动物的智慧:读懂这些,你的人生豁然开朗

编　　著 / 江凤鸣
责任编辑 / 尹　影
责任校对 / 孙　丽
经　　销 / 新华书店
开　　本 / 787×1092 毫米　1/16 开　印张/17　字数/272 千字
印　　刷 / 北京建泰印刷有限公司
版　　次 / 2012 年 6 月第 1 版　2015 年 7 月第 2 次印刷
书　　号 / ISBN 978-7-5113-2306-4-01
定　　价 / 30.80 元

中国华侨出版社　北京市朝阳区静安里 26 号通成达大厦 3 层　邮编:100028

法律顾问:陈鹰律师事务所

编辑部:(010)64443056　64443979

发行部:(010)64443051　传真:(010)64439708

网址:www.oveaschin.com

E-mail:oveaschin@sina.com

前言

QIANYAN

很多人都认为动物是愚昧无知的，甚至自恃比动物高明许多，实际上并非如此。我们可以想一下，倘若它们没有独特的生存智慧和成功品质，早已经被“物竞天择，适者生存”的法则淘汰出局了。

人类虽然是高等动物，但千万不要小瞧了动物的智慧，很多动物存在的历史远比人类要长许多，它们的智商并不一定比人类低许多。美国新泽西州著名兽医莫莉通过长久对动物的观察，得出了一种长寿的方法，她指出：“不管是家里的猫狗还是非洲草原上的狮子，它们都有以下特点：睡眠充足，肚子饿的时候才进食，永远不为昨天的事情懊悔，也不为明天的事担忧。如果人类的生活态度能像它们一样，必定健康长寿得多……因此，人应该向动物学习。”

其实，每一种动物的生存本质，跟我们每一个人在这个社会上的生存本质是一样的，都必须要有一定的智慧与本领，才能在这个社会里占有相应的位置。长颈鹿的脖子长，时刻谨记“高处不胜寒”；鸵鸟不会飞翔，但它们懂得扬长避短，用其他的本事来保护自己；壁虎遇到危险的时候，敢果断地咬断自己的尾巴；非洲野驴看似愚蠢，可它们却是善于隐藏自己智慧的高手。如果我们能把动物的这些生存手段运用在人类的生活中，必会给我们带来很多帮助。

此外，动物界的行为与选择会给我们一些修身的方法和处世学问，例如金鱼改变不了环境，就改变自己以适应环境；骆驼能凭借着一身的忍功穿越沙漠；章鱼能屈能伸，使自己的人生变得更加圆满……这些动物表现出的种种行为无疑给人类带来很多有益的启示。

其实动物跟人类有很多的相似处，有的为了成功拼命拼搏，有的活着只想追求简单的幸福。如果我们能从动物身上学到一些有用的东西，无疑会给我们的人生点上一盏指明灯，这也是我们编写这本书的目的。

本书从动物的生存手段与智慧的角度出发，讲述了大量生动有趣的动物故事，并把这些故事暗示给读者的道理与现实生活紧密联系起来。读者不仅可以从这本书里获得知识，还能学会如何把这些智慧运用到他们的实际生活中，借助这些智慧解决自己人生中的难题，使自己的人生变得更加美好。

目录

MULU

第一章 生存的哲学

任何一个动物都不想一出生就被敌人吃掉，从它们出生的那刻起，它们就懂得了要想在这个弱肉强食的世界生存，必须拥有生存的本领，只要能生存，它们放弃了王者的自尊；舍弃了身体的一部分、采取了装死来迷惑敌人，等等，它们告诉了我们一个道理：生命比任何东西都宝贵。

第二章 做人的境界

动物和人类一样有着七情六欲,如果不懂得好好地控制,就无法活得自在。动物们为了活得自在,各个都成了修身养性的高手,人类有不少修身的方法就是从动物那里学来的。

第三章　处世的韬略

为了生存,动物们拥有很多人类无法拥有的智慧,譬如处世的学问。现实生活里,有不少人不懂得如何为人处世,导致自己一遇到困难立刻陷入四面楚歌的境地。为了让自己的人际关系更加和谐,我们不要自恃自己是高等动物的身份而看不起对方,而是应该把头低下来,去向动物们学习处世的韬略。

第四章　行动的启示

现实生活中，我们能想到很多打败对手的方法。在动物界里，动物们把这些方法演绎得更加逼真：蜘蛛用自己的优势对付比它大几倍的敌人；海星暴露自己的弱点，吃掉对手；琵琶鱼用自己的“微笑”麻痹对方，趁机吃掉猎物。动物的行动对人类而言是一种启发：该用计谋的时候绝不硬拼。

第五章　成功的定律

动物在地球上生存了几亿年，虽然很多动物已经灭绝了，但仍然有不少存在了几百万年的动物一直生存在这个世界，它们之所以能在地球上繁衍生息下来，一定有其独特的生存能力，才能够在残酷的竞争中胜出。寻找成功之道也是如此，想要在社会中立足，就要具备特殊的竞争优势，做别人做不到的事，体现自己的价值所在。

第一章

生存的哲学

任何一个动物都不想一出生就被敌人吃掉，从它们出生的那刻起，它们就懂得了要想在这个弱肉强食的世界生存，必须拥有生存的本领，只要能生存，它们放弃了王者的自尊；舍弃了身体的一部分、采取了装死来迷惑敌人，等等，它们告诉了我们一个道理：生命比任何东西都宝贵。

★狮子★

面子有时没那么重要

【动物故事】

一只狮子在家里睡了一整天，醒来的时候，感到肚子有些饿，它便起身到外面去找食物。走着走着，它看到几头大象和几头小象在远处活动，狮子便把目光投向了小象，但它却迟迟未动。

狮子心里很清楚，大象不是那么好惹的，若是得罪了它们，自己很可能就会被它们那粗壮得像柱子一样的大腿踩烂。

狮子观望了一会儿，朝着另一个方向走了。它遇到了一群野牛和几头犀牛，可是这些动物都很凶猛，单靠自己的力量根本不是它们的对手。

狮子又向前走了一段，发现前方有一群羚羊，羚羊可是它最喜欢吃的动物，可是它刚靠近，就被羚羊发现了，于是，羚羊们就拼命地跑开了。

论奔跑，狮子在百米之内还能够和羚羊较量一番，可若是长距离地奔跑，那它就不敌羚羊了。很快，羚羊跑到了百米之外，把狮子甩在了后面。狮子很无奈，只得继续向前走，寻找食物。

狮子就这样在草原上来回地游荡，眼看天就要黑了，它还是一无所获。饥肠辘辘的它此刻已经有些消沉，失去了往日的“威风”。为了填饱肚子，狮子只能够暂时放下架子，来到几棵大树下找白蚁吃，然后又去捡树上落下来的野果。此刻的它根本不想去顾及什么王者的尊严和体面，它只想好好地填饱肚子，生存下去。

【动物启示录】

狮子有一头长长的鬃毛，让它显得威风凛凛，可以说，没有哪个动物敢主动招惹它。虽然狮子号称百兽之王，但它们面对重若山的大象和凶猛的犀牛时不会主动发起进攻，因为它们担心自己不是那些庞大动物们的对手；但看到比自己弱小的羚羊，它们则会义无反顾地追上去。狮子这种“欺软怕硬”的行为着实有损“狮王”的颜面和名声，可它们不在乎，为了填饱肚子，它们会吃白蚁，吃食树上落下的果子，至于体面与否，它们从不关心。

在现实生活中，不少人总认为自己是君子，他们认为“大丈夫就应该顶天立地，宁可站着死，绝不跪着活”；宁为玉碎，不为瓦全，认为自己行得正、走得直，不需要向任何人低头，也万事不求人，甚至到无路可走的困境时也会说：“大不了一死。”

殊不知，人是社会性的动物，我们生活在社会上总要与人交往、与人沟通。如果我们总是为了所谓的面子而总是高姿态地活着，势必会让自己陷入绝境。

伯夷叔齐曾是殷商的旧臣，武王起兵伐纣后，他愤怒声称“饿死不食周粟”，随后便跑到首阳山吃野菜。后有人告之：“普天之下莫非王土，率土之滨莫非王臣，你吃的首阳山的野菜不也是周天子的吗？”伯夷叔齐无言以对，为了面子，他只好饿死，这就是人们后来常说的“死要面子”。

为什么人们都爱面子？因为面子说到底是个名声的问题，好名声是立身之本，有面子是人生的荣耀。关于这一点，即便是圣人也难以免俗。渴望拥有好的名声固然是件好事，爱面子也是人之常情，不过，只要你仔细地想一想，为了所谓的面子，最终失去的总比自己得到的多。

秦朝末年，刘邦命令韩信南下跟他围攻项羽，韩信迟迟不肯发兵，还派人对刘邦说："齐国一向都是反复无常，他们放出风声说我出师名不正、言不顺，所以请汉王封我为假王。"

刘邦知道，在这个时候是绝对不能跟韩信闹翻脸的，所以笑着说道："大丈夫平定诸侯，要做王就应该做真王，何必做假王呢？来人拟旨，封韩信为齐王。"

刘邦忍了一时之气，却安抚了韩信，没有让韩信造反，从而换来了刘氏长达400年的统治时期。

在那样的局势下，刘邦无力与韩信硬拼，也无力阻止韩信称王。如果他采取强硬态度和韩信硬碰，无疑是要逼韩信造反，让他倒戈相向，那时刘邦就会腹背受敌，到最后，韩信也不可能帮助刘邦打败项羽了。

刘邦的故事告诉我们，在面对别人苦苦相逼、咄咄逼人时，不要为了所谓的面子逞强，暂时地退让则是一种明智的选择。

借古喻今，作为现实生活中的人，面子是不可能完全抛开不要的，毕竟人活一张脸，但是，要面子的前提是知道其中的利害得失，权衡一下哪些面子该保、哪些面子可以丢。其实，要做到这一点并不难，只需记住一句话：有关尊严的面子一定要保住，事关虚荣的面子不要也罢。

★ 鸵鸟 ★

即使不会飞，我也能保护自己

【动物故事】

一只鸵鸟在沙漠和草原的交界处遇到了一只云雀和秃鹰。云雀对鸵鸟说："到我们草原上来吧，这里有绿色的草地和蓝蓝的天空，生活在这里比在沙漠生活中幸福多了。"

秃鹰也在一旁嘲笑鸵鸟："喂，老弟，别看你个子这么大，可你没有我的美食来得实在。"

然而，鸵鸟还是摆出以往的一副清高的姿态，不屑一顾地看了云雀和秃鹰一眼，说道："草原还是留给你自己吧！至于秃鹰，你说的那些美食，我不稀罕。我在浩瀚的沙漠中生活，被人誉为'沙漠轻舟'，这就是我的骄傲和幸福。虽然我不会飞，可我有抗击饥寒交迫的能力，没你们那么娇贵。"

这时候，从草原的深处突然响起了"嘭嘭"的枪声，打猎者似乎正朝着它们的方向走来。秃鹰见情况不妙，快速地冲上天去；而云雀也扇动着翅膀消失在草丛间。再看鸵鸟，它拔腿就跑，像一阵风一样，立刻就消失在了沙漠和草原的交界处。

【动物启示录】

上天对每一个人都是公平的，在为你关上一扇门的时候，一定会为你打开另一扇窗。鸵鸟是"鸟"，但它不会飞翔，而它的后肢却很发达，跑动时一步能跨 6 米左右，这是其他动物不能及的。它的翅膀能够帮助它快速地奔跑，加上它的视觉和听觉都很敏锐，因而非常适合在沙漠中生活。

每个人都有自己的天赋、特点、个性，也有诸多的不足。只要善于利用其他条件去弥补自己的不足，也可以做出一番成就。所以，不要羡慕他人的翅膀，你的路就在脚下，你需要做的就是用自己的方式去开拓。你可以想一下，如果鸵鸟的祖先硬要拖着重重的身体在沙漠上空飞翔，不肯脚踏实地地在沙漠中寻找另外的活路，那么鸵鸟现在可能已经灭绝了。

一种不会飞翔的鸟能够在沙漠中存活下来，这无不令人震撼。在震撼之余，你更该领悟到的是鸵鸟的生存智能：如果你无法像其他鸟儿一样飞翔，那你就必须掌握一些其他的本领去弥补这个缺点，努力发挥自身的长处，回避自身的缺点，还要善于利用别人的长处来弥补自己的短处。

井深大刚到索尼公司工作的时候，索尼只是个20人不到的小企业，但老板充满信心地对他说："你是一个非常棒的电子技术专家，我会把你安排到最重要的岗位上去。"果然，不久后，老板就让井深大全权负责公司产品的研发工作。

一开始，井深大觉得自己还不能承担重任，因为他知道，老板给他的担子有多重，仅凭一个人的力量是不能够应付得了的，所以他就想找老板让其他员工挑起大任，可老板非常自信地对他说："新的领域对任何一个人来说都是陌生的，关键在于你要和大家联起手来，这才是你的强势所在，只要把众人的智慧结合起来，还有什么困难不能战胜的呢？"

听了老板的话后，井深大一下子豁然开朗："对呀，我怎么只想我自己，我不是还有20多位员工吗？为什么不虚心向他们求教，和他们一同奋斗呢？"于是，他找到市场部的同事一同探讨销路不畅的问题。

他们说："磁带录音机之所以不好销，主要是因为太笨重和价钱太贵。如果能把磁带录音机弄得轻便、低廉，就好卖了。"井深大点头称是，然后他又找到信息部的同事了解情况。信息部的人说："美国的一些电器已经采用了晶体管生产技术，不但大大降低了成本，而且非常轻便。我们建议你在这方面下工夫。"他回答："谢谢，我会朝着这方面努力的！"

在研制过程中，他又和生产第一线的工人们团结合作，终于一起攻克了一道道难关，在1954年试制成功日本最早的晶体管收音机，将其成功地推向市场，索尼公司由此开始了企业发展的新纪元。

一个取得成功的人，一定懂得欣赏别人的优点和善于借用他人的智慧，因为他们永远明白，即使自己的能力再强，不可能把所有的事做好。

很多时候，我们必须通过与他人合作、借用别人的能力才能顺利达到自己的目标。实际上，即使再平庸的人，只要懂得利用自身乃至周围的一切条件去弥补自己的不足，就能最大化地实现自己的人生价值。

★壁虎★

遭遇险境要敢于“自截”

【动物故事】

一只壁虎突然感觉有点儿饿，就想找一点儿吃的。外面的蚊虫很多，它可以不费吹灰之力就吃得很饱。壁虎像往常一样吸附在墙上，只要有虫儿从它眼前飞过，它就迅速地伸出舌头把虫儿裹到嘴里，美滋滋地品尝着新鲜的食物。

可是这只壁虎很倒霉，它没有等到“美味”的到来，却等到了两个顽皮的小孩。壁虎先是愣住不动，尽量不吸引小孩的注意。这两年的生存经验告诉它：小孩是不好“惹”的，他们顽皮、好奇，若是自己真的落在了他们手里，小命很可能就没有了。当然，壁虎又想到：我也不是那么好对付的！

就在壁虎想这些的时候，不幸被顽皮的小孩发现了，而且两个小孩想用手把它捉住，壁虎反应灵敏，最终只被其中一个小孩摁住了尾巴。壁虎听到小孩的笑声，他们认为自己“得逞”了，可是壁虎却当即弄断了自己的尾巴。

两个孩子看到这一幕后目瞪口呆，还没反应过来，壁虎就迅速地逃掉了，只剩下壁虎的尾巴还在不停地跳动，地上还有一摊壁虎的血。两个小孩是第一次见到这样的情景。想必，他们认定了那只有半截身体的壁虎不久后就会死掉，可惜事实并不是那样。

几天以后，壁虎又出现在那天的“事发现场”，可这时的它又长出了一条新尾巴。

【动物启示录】

壁虎遇到危险的时候弄断自己的尾巴，让那条断尾继续跳动，以分散敌人的注意力，以便让自己逃脱。牺牲相对次要的东西，保全更有价值的东西，这是对“取舍”的最好诠释，也是一种高明的生存策略。

壁虎的尾巴断了能够再生，这种特殊的能力是人类无法获得的。但是，断尾的勇气是我们应该具备的。如果有一天，你真的陷入了生存的困境，必须作出艰难的抉择，那么不妨效仿一下壁虎。记住一句话：活下来就有希望，没有什么比生命更重要。

美国有一名伐木工，每天都会独自开车到深山里面去伐木。

然而，有一天，灾难突然降临了，他用电锯锯断的大树倒下的时候，碰到了对面另一棵树而被弹了回来，结果把伐木工压在了底下。顿时，伐木工的右腿流血不止，他疼得眼前发黑，但是坚强的求生意志让伐木工迅速冷静了下来，他开始思考脱身的办法。

伐木工心想：在这个地方，周围几十公里都无人居住，平日很少有人到这里来，如果自己被动地躺在这里等待救助，恐怕还没等到人来，自己就已经因失血过多而死去了。

树干太重了，伐木工的右腿腿骨已经被彻底压成了碎片，不管他怎么用力推，树干就是纹丝不动。伐木工明白自己只有一条路可走，那就是用电锯锯断自己那条被压住的右腿，然后爬到汽车上，开车去最近的医院。

伐木工没有麻药让自己减少疼痛，也没有任何止血的药品，在锯腿的过程中，他忍受着剧烈的疼痛，好几次都让他痛得昏厥了过去。

可是，为了救自己，他还是坚强地挺了过来，毅然地锯下了自己被压住的右腿。在开车去医院的途中，他一直控制住自己，不让自己在路途中晕倒，直到被医生送到担架上，他才终于放心地晕了过去。伐木工锯腿自救的经历很快就在当地广为传颂，电视台把他的经历做成一期节目在电视上播出。这个节目一经播出就产生了强烈的反响，人们都被他锯腿求生的精神所折服。

任何人都不可能将一切把握在自己手中，生活意味着选择，从来没有唾手可得的机会。当面对人生困境或抉择的时候，不要习惯性地陷入犹豫之中瞻前顾后，思索着“鱼与熊掌”如何兼得，甚至在两者孰轻孰重之间不停地徘徊。在危难之际，就该忍痛割爱，放弃一些东西，比如金钱、爱情、幸福、安逸等，因为你的人生和命运很可能就在放弃的那一瞬间发生了改变。

★ 野马 ★

随时保持警惕才能存活

【动物故事】

一只蒙古野马看着刚刚生下的孩子，几个小时过后，黑夜降临了。这时的小野马已经具备了随群奔跑的能力，这是野马与生俱来的特性。

母野马带着幼驹在草原上漫步，小野马悠闲、惬意，而母野马却时刻保持着警惕，它害怕毫无防备之心的孩子会受到狼的攻击。至于它自己，这些年的风吹雨打早已经让它习惯了与狼进行较量。

小野马玩得有些累了，没有之前那么兴奋了，它试图卧在地上睡去，这时母野马制止了它，说：“孩子，这个世界充满了竞争，甚至是残酷和血腥。我们是食肉动物攻击的对象，随时都有被吃掉的危险。我们时时刻刻都要保持警惕，不管是白天还是晚上，我们都不能躺下睡觉，我们必须以站立的姿势闭上眼睛睡觉。这样一来，即便有猛兽来袭击，我们也可以迅速逃跑。”

母野马环顾四周，发现没有什么异样，又说道："如果我们长途奔波之后感觉很累，我们也只能够站在树荫下低头闭眼打瞌睡；在确定没有危险的地方，我们才可以把头搭在同伴的背上睡觉。你必须记住，要想在草原上生存得久一点儿，就要有高度的警惕性。"

【动物启示录】

野马为了保证自己的生命安全，选择站着睡觉。面对强大的敌人，多一份警惕，就多一份生存的希望；多一份松懈，就会向死亡迈近一步。

野马的这种警惕性在人类的身上也曾出现过。辽人生活在草原上，他们很容易受到四面八方的侵袭。无论是奔跑的野兽，还是入侵的敌人，对辽人而言都有潜在的危险，也总会在他们放松警惕的时候悄然逼近。因此，辽人在河边或溪旁喝水的时候从来都不会弯腰，他们会稳稳地蹲着，掬水时也是眼观六路、耳听八方，时刻保持着警惕。

在现实生活中，很多人走向失败、很多企业走向衰亡，常常不是因为外界给予的打击，而是因为自己选择了安于现状，被舒适的陷阱给困住了。

可以说，在身处险境的时候，人们普遍都有危机意识，但在舒适的环境中能够保持危机意识的人却是少之又少。很多人都听说过青蛙被开水烫死的故事：如果你把青蛙放到热水中，它一定会马上跳出来，但如果你把青蛙放到冷水中，然后非常缓慢地加温，青蛙却不会跳出来，直到将温度加到能将青蛙烫死的程度，它就永远没有跳出来的机会了。

然而，人又何尝不是如此呢？我们总是习惯享受生活的舒适，却不知道舒适其实是生活中的一种陷阱。

宋真宗刚刚即位的时候重用了一批良将，一时间朝野上下政治清明，国家出现了一片欣欣向荣的景象。当时的丞相李沆辅佐年轻的君主，终日为国事忙碌。每天，李沆都会将各地的水旱灾害、盗贼为乱等事情上报给真宗，而真宗正值年少时期，好大喜功，听不进有关百姓疾苦、社稷安危的进谏。

同朝为官的王旦见此情形，也认为李沆是小题大做，并多次进行奉劝，而李沆深知“生于忧患，死于安乐”的道理，时刻不忘居安思危。果然，李沆死后，真宗认为同契丹已经讲和，西夏也纳贡称臣，于是便封禅泰山，大肆建造宫殿，搜求亡失的典籍，没有一天闲暇，给黎民百姓增加了不少负担。王旦看在眼里却毫无办法，这时他才知道李沆是多么有先见之明。

真正的强者永远都会处于一种紧张、备战的状态中，无论是个人、企业，还是一个民族乃至一个国家，他们深知时间的宝贵与竞争的残酷，对于对手所带来的威胁，他们始终牢记于心，时刻都在考虑如何能够比对手更加出色。

可以说，正是危机意识孕育了成功者的龙马精神。永远不要认为居安之时只需尽情地举杯欢庆，更不要认为强者就无须再有危机意识。对于漫长的人生来说，任何成就都不过是阶段性的胜利。如果你认为有了一点儿成绩就可以躺在安乐窝里尽情地享受，那么你的人生也就从此驻足不前，而且后来者总有一天会把你远远地抛在后边。

人生的道路并不是一帆风顺的，磨难和挫折随时都会降临在我们的身上，我们必须保持谨慎的状态，将生命的弹簧压到最低，只有这样，当你遭遇坎坷时，你才能扼住命运的喉咙。

所以，当你发现自己正懈怠的时候，一定要提醒自己：明天的日子不一定会比今天好过！再想想野马，它在睡觉的时候都不忘保持高度的警惕性，人类社会的竞争与自然界的竞争如此相似，甚至有过之而无不及，你又有什么理由懈怠呢？

★ 乌鸦 ★

有“舍”才有“得”，要学会“舍得”

【动物故事】

一群乌鸦居住在一片小树林子里，它们每天都出去觅食。

一天，一只乌鸦得到了很大一块肉，它躲在一个不容易被人发现的地方，琢磨着该如何享用这顿美食。不过，很遗憾，其他乌鸦很快就发现了它，那只乌鸦只好衔着肉飞走，那群乌鸦在后面紧紧跟随着这只嘴里衔着肉的“富有者”。最后，一群乌鸦落在了树上，一声不响，虎视眈眈地盯着那只乌鸦。

嘴里一直叼着那块肉的乌鸦非常累，它费劲地喘息着，但是它不可能一口就吞进去如此大的一块肉。过了一会儿，它实在受不了了，因为嘴里叼着东西，所以呼吸有点儿困难。也许是因为被追赶得筋疲力尽，或者实在是太想好好地呼吸一下，它的嘴巴稍微地张开了一点儿，那块肉从它的嘴里掉了下去。看到肉掉了下来，一群乌鸦都飞了上来，开始了一场你争我夺的厮杀。

在混乱的战斗中，一只最强壮的乌鸦抢到了那块肉，连忙展翅飞去。接着，很多乌鸦追了上去，它只得不停地飞，最终又不得不把肉抛弃。

于是，又出现了一场混乱的厮杀，场面和刚才如此相似。得到肉的乌鸦，其处境总是那么可怕，而导致它被围攻的原因只是一块肉而已。

【动物启示录】

嘴里叼着肉的乌鸦之所以受到了其他乌鸦的围攻，是因为它的食物太美味了。乌鸦起初并没有意识到自己受到攻击的原因，等到它醒悟过来的时候已经累得筋疲力尽了。无奈之下，它放弃了那块到嘴的肉，然而得到肉的第二只乌鸦却又重复了它的命运……世人总想着“得到”，殊不知，有时得到就是失去，与其因为得到而伤痕累累，不如当初就果断放弃，这样反倒能给自己留条后路。

人生在世，渴望得到的东西有很多，一旦满足不了，就会生活在一种悲观失望中。因此，你要明白一个道理，在很多时候并不是得到得越多就会活得越好，做人一定要学会“舍得”，有“舍”才能有“得”。拥有的时候，也许正在失去，而放弃的时候，或许就是在重新获得。

从古至今，许多著名的人物之所以取得流芳千古的丰功伟绩，无不得益于对“舍得”二字的把握和领悟。该舍弃的时候就要舍弃，贪多无益，一味地将目光置于钱、权上，遇事贪欲过重，就会被人利用，甚至毁了自己。

公元前 473 年，勾践完成了雪耻复国的大业，成为春秋时期最后一位霸主。但是，当勾践迎来他人生的辉煌之时，文种却走到了人生的尽头。

当年，文种与范蠡同为勾践的股肱之臣。范蠡既能够治国用兵，又能齐家保身，他是先秦时期罕见的智士，史书概述其平生时写道“与时逐而不责于人”。然而，当勾践完成大业之后，范蠡却弃政从商了。他驾着一叶扁舟，带着西施飘然离去，从此开始了自己的经商生涯。

范蠡选择弃政从商时给文种写了一封信：“狡兔死，走狗烹；飞鸟尽，良弓藏。勾践的颈项特别长，而嘴像鹰嘴，这种人只可共患难，不可共享乐，你最好尽快离开他。”范蠡试图让文种和他一起功成身退，然而文种却没有在意。

此后，文种继续留在越国为官，并担任相国。可惜，这样的好景并没有持续多久。很快，勾践就对文种失去了信任，一些谗臣也开始大肆地污蔑文种。其实，这就是“太高人愈妒，过洁世同嫌”的道理。

公元前472年，勾践召见了文种，对他说：“九术之策，今用三已破强吴。其六尚在子所，愿幸以余术，为孤前王于地下谋吴之前人。”说罢，便赐予文种一把剑，让其自刎。这时，文种仰天长叹：“大恩不报，大功不还。其谓斯乎？吾悔不随范蠡之谋，乃为越王所戮。”就这样，一代谋臣文种拔剑而死。

范蠡舍弃了功名利禄，选择了功成身退，最终保全了性命，并且成为出色的商人；而文种不听从范蠡的劝告，留在勾践身边，最后没得善终。或许有人认为“功成身退”的思想在现代社会已经不大适用，因为它会让人丧失进取心、满足于现状。但事实上，“功成身退”是一种退守策略、是一种明智的生存智慧，它能够保住你的既得利益，也能够帮助你获得更多人的尊重与支持。

★抹香鲸★

要生存就必须不断调整自己

【动物故事】

抹香鲸一直被人们公认为海洋里的潜水冠军，不过却使潜水也极为厉害的海豚很不服气。

一次，海豚遇到了抹香鲸，就想跟它比试一番。它又一次潜入了水下，100米、200米、300米，抹香鲸也跟着海豚向下沉。到了300米的时候，海豚想要再向下潜入一些，但是水的压力让它不堪重负。

看到海豚挣扎的样子，抹香鲸笑了，它说："你在这里等我。"接着，抹香鲸便潜入了深海。当抹香鲸潜到水下1000米的时候，突然觉得有点儿饿。这时候，它看到海参游了过去，心里痒痒的，甚至流出了口水。

于是，它追赶着它们，向深海游去，终于，它潜到了1500米的深海，吃到了令人垂涎欲滴的美食。然后，它又继续往下潜水，潜到了2500米左右的时候，它才有些满足，接着便按原路返回。

海豚果然还在那里，看到抹香鲸的时候它非常震惊，于是它很想知道抹香鲸的潜水本事为什么这么大。海豚说："每下潜10米，水的压力就会增加一个大气压。你在深水下待了那么久，你怎么承受得了？"

抹香鲸说："那是因为我的血液比陆地上的兽类多，我就靠这些血液来储存氧气。而且我的肌肉也能储存氧气，我的肌红蛋白的呼吸色素比陆上兽类多8倍，所以深入海底对我来说并不难。再说，如果我没本事潜入深海，就无法捕捉食物，那样的话我岂不是要饿死了？"

【动物启示录】

社会犹如一个舞台，每个人都在台上扮演着自己的角色：或者平凡，或者伟大；或者一帆风顺，或者一路坎坷；或者心甘情愿、或者迫于无奈……有些人对于自己所扮演的角色感到不满，因此心理难免会产生不平衡，甚至对生活丧失信心。也有一些人选择积极地面对不如意的现状，努力突破局限、超越自己。

实际上，任何环境和条件都不是绝对的，不可能一切都好，也不可能一无是处。上天不会给每个人都铺好现成的、完全适合他们成长与发展的道路。每个人的成长道路都充满了荆棘，想要在社会上生存，就要顶得住压力。不能够适应，就不能够生存，不能生存，就更谈不上发展。也许你面临的现实对你不利，而你暂时也没有能力和条件去改变它。如果真是这样，你也不要慌张，你首先要做的就是接受这些不可更改的事实，然后在各种条件的限制中去寻求自由。

有一个胸怀壮志的青年人在美国兴起石油开采热的那段时间，跟着千百万名“淘金者”来到了采油区。

起初，他所做的工作是整个公司最简单、枯燥的，具体来说就是等到传送带把一个个石油罐送到旋转台时，等到焊接剂滴下并沿着盖子旋转一周后，他再把油罐下线入库。青年人从早到晚的任务就是监控这道机械的工序，一天将几百个石油罐下线入库，天天如此。

半个月后，青年人忍无可忍，他找到主管请求调换工作。

主管听后冷冷地说：“你要么好好干，要么另谋出路。”

年轻人涨红了脸，回去后冷静下来仔细一想：既然我换不到更好的工作，那就把这个不好的工作做好再说。于是，青年人安下心来，即使每天重复百遍这样的工序，他也做得一丝不苟。

一天，他注意到一个非常有意思的细节：在机器上百次重复的动作中，罐子旋转一次，一定会滴落 39 滴焊接剂，但总会有那么一两滴没有起到作用。于是他想，如果能将焊接剂减少一两滴，将会节省不少能源呢！经过仔细研究后，青年人研制出了“37 滴型焊接机”，但是这种机器在运作时会有漏油的现象，于是他很快又研制出了“38 滴型焊接机”。

这样，公司每焊一个石油罐盖便会节省一桶焊接剂。虽然每个盖子节省的只是一滴焊接剂，但每年都能给公司带来 5 亿美元的新利润。

这个年轻人就是日后掌控美国石油业的石油大亨约翰·戴维森·洛克菲勒。

可想而知，倘若洛克菲勒不脚踏实地从基层做起，就不会发现有一两滴油失效，最后也不可能研发出“38 滴型焊接机”。如果一个人很浮躁，那他每天可能都会在烦躁不安中度过，又哪还有谋事之心、立业之志呢？

由此可见，无论环境如何，只要你积极努力地去适应环境，保持一个良好的心态，就有机会突破局限、超越自我。当然，要接受现实，向压力宣战，除了有远大的志向和坚韧的毅力，还要有实力。就如抹香鲸一样，拥有储存氧气的大量血液，这就是它的实力。人的实力不是与生俱来的，而是从一切认真地学习和艰苦地奋斗中积累、磨炼出来的。只有从现在开始，看清现实、找到突破口，树立一个可以实现的目标，然后竭尽全力地去做，机遇才有可能青睐于你，你也才有可能突破环境和条件的局限，战胜压力、实现自我，获得最后的成功。

★ 鼹鼠 ★

你必须有一样最出色的本领

【动物故事】

鼹鼠太弱小了，如果让它们生活在地面上，它们一定无法生存，因为它们没有任何力量来保护自己，即使遇到敌人想跑，速度都是个问题。

但是，生活在地下的它们虽暗无天日，但它们却活得很好。每天只要能吃到一些肉质鲜美的昆虫和蚯蚓，它们便没有什么奢求了。

它们最大的本事就是打洞。鼹鼠的洞穴很浅，里面有很长的地下通道。通道上会有数以百计的洞口，每个洞口都有一个土堆。但有的是真的，有的是假的，只有它们自己知道，它们这样做是为了迷惑敌人。

如果有敌人发现并挖开洞口，鼹鼠就会在很短的时间内再挖出一些新的、弯弯曲曲的通道来，在洞口上再堆上新的土堆。这样，新旧土堆掺杂在一起，就成了迷魂阵，任敌人再厉害也无可奈何。最后，敌人筋疲力尽了，就不得不灰溜溜地离去。

【动物启示录】

鼹鼠很弱小，敌人来攻击的时候，它没有任何一点儿抵抗的本领，它唯一保护自己的能力就是挖洞逃跑，所以敌人很难抓到它。

随着社会竞争越来越激烈，一个人如果没有过硬的本事和生存的绝技，随时都可能被社会淘汰。这个时候，如果你能像鼹鼠一样练就一身的绝技，不仅可以保护自己，还能凭借优势和"绝技"战胜对手，那么就可以在某个领域中成为真正的"王"者。也就是说，不管干哪一行，都得"精通业务"，熟悉本职工作。一技在身，胜似万两黄金。"要在人前显贵，必须背后受罪。"苦练本职技能，否则只能成为他人生活的陪衬。

然而，这个社会有很多人今天学这种技能，明天学那种技能，最后虽然拥有了多样本事，可是样样不精，最后连一份工作都找不到。

安洁丽曾是一名出色的计算机零售商主管，可惜在她毕业时，经济并不景气，她也因此而失业了。虽然她一直没有找到合适的工作，但她一直在寻找如何能够获得更多收入的办法。

其实，在刚刚失业的那段日子里，安洁丽也曾沮丧得要命，不知道未来该怎么办。

在那段消沉的日子里，她每天靠阅读一些书籍来打发时光，而就在此过程中，她突然意识到：知识只是潜在力量，它只有被有计划地、巧妙地实施之后才能够发挥出真正的力量。

然而，安洁丽只对计算机这个行业的知识比较熟悉，所以她决定利用一切机会学习。随后，安洁丽开始去夜校上课，学习计算机科技。不久之后，安洁丽凭借着一台小计算机、一台打印机和一部电话，开始了她的顾问事业。

她打电话给各个公司,询问他们是否需要解决计算机方面的问题。有了一定的业务后,安洁丽就开始着手做一些企划书,向顾客说明自己的服务能够增进他们的效率,帮助他们省钱;此外,她还为他们设计软件、装设硬件、免费示范讲解,等等。这样的服务让客户非常满意,第一年,安洁丽顺利地拿到了25份订单,她赚得的钱比以前的薪水多出5倍;接下来的一年里,她的生意越做越大,她开始雇用员工。

两年之后,安洁丽竟然奇迹般地积累了1000多万元的财富,她从一个失业的女人变成了千万富翁。

或许,你不能够像鼹鼠那样单凭一招绝技就畅行无阻,但是若是不具备一些特殊的知识或技能,就很难长久地立足于这个社会而不被淘汰,更不用说众人中出类拔萃、源源不断地获得财富了。

在这个世界上,最大的敌人是自己,如果要想生存得更加美好,就必须打败自己,所谓的"天才",就是通过不断地学习、实践,积累了资本,让自己变得强大。

因此,如果你现在还没有掌握某些特殊的知识,不具备某项特殊的技能,你要做的就是努力让自己练就一身技能变得强大,努力去征服属于你的世界。

★长颈鹿★

随时牢记“高处不胜寒”的道理

【动物故事】

有一天，山羊先生出去寻找食物，突然晕倒在了森林里，恰好长颈鹿护士路过此地，它连忙找人将山羊先生送进了动物医院。医生对其进行了检查，结果诊断山羊先生患上了“高血压”。山羊先生醒来后，长颈鹿护士把情况如实地告诉了它。

山羊先生好奇地问长颈鹿护士：“我知道血压的高低和身高之间有联系。血液要从心脏输送到头部，所以身高越高，血压也越高才对。可你是陆地上最高的动物，你的身高是5米，脖子有两米，这样看来，你的头部和心脏之间有3米的距离。那么，你的血压也一定很高对不对？”长颈鹿护士笑着说道：“没想到山羊先生知道得这么详细，我的血压的确有47kPa（350mmHg）。”

山羊先生接着又问：“如果血压升得太高，就很容易因为脑溢血而死。你看我刚刚不就险些丧命了。你的血压如此之高，为什么你看上去一点儿事都没有？”

长颈鹿护士看着自己的皮肤，说：“这主要是我们的皮肤起的作用。我们的皮肤紧绷在身上，牢牢地箍住了血管，这样就能够防止血压突然升高。我们饮水的时候，血压就会升高，从而强烈地压迫血管壁。这时，紧绷的皮肤就可以有效地防止血管被胀破。”

【动物启示录】

“站得高才能看得远”，可是高处不胜寒。长颈鹿是动物世界里出了名的高个子，但它却时刻都紧绷着皮肤，担心自己得高血压，这个故事告诉我们一个道理：如果有一天，你站到了很高的位置，一定要谨慎小心，否则，你的言行举动都可能落入他人眼中。那样一来，麻烦也可能会随之而来。

站得高才能看得远，越是高高在上就越容易被孤立与冷落。人们常说“树大易招风”，实际上就是说当一个人处于更高的位置时不要得意忘形，若是沾沾自喜、居功自傲、过分张扬，不仅会让自己不思进取，还可能会因此而葬送拥有的一切。因此，身处“高处”之时，一定要时刻约束自己的言行和举止，不得越雷池半步。必须严格要求自己，必要时甚至要“夹着尾巴做人”，这是做人的基本原则，更是生存的基本法则。

刘邦患有严重的“猜疑症”，他的很多属下都曾遭到过他的猜疑和嫉恨，有的甚至还被迫走上了谋反的道路。

韩信被杀之后，萧何论功被封为相国，加封五千户，同僚都向他道贺，唯有东陵侯召平对他说：“您将从此惹祸了！”萧何惊讶地问：“为什么？”召平解释道：“主上连年出征，甚至亲冒矢石，只有您安然地待在都城，虽未遭受兵戈之劳，却又得到加封。表面上看是看重您，实则是对您不放心。”萧何听闻之后认为很有道理，便向召平询问计策。

召平说：“您不如接受主上的加封，再把家里的私财全部拿出来交给主上，充做军需，也许可以免遭祸害。”萧何按照召平之意行事，果然讨得了刘邦的欢心。

后来，在讨伐英步期间，萧何仍然留在关中督运粮草。刘邦多次向押运粮草的官员询问，萧何近期的情况，押运官都说他体恤百姓、操办粮草军械,等等,萧何不明白刘邦为何这样问,直到一位幕僚提醒他:“您可能要面临灭族之灾了!”

萧何一听,大惊失色,幕僚说:“您如今是相国,功居首位,不可能再给您加封更高的爵位了。皇上屡次问您在做什么,显然是怕您久居关中深得民心。那样的话,主上对您的疑忌就更深了。”最后,幕僚为萧何献上一计,让萧何多买田地以激起民愤。押运官回到前线后,将萧何强买民田而招来谤议的事情禀告了刘邦,刘邦果然很宽慰。不久之后,淮南平定,萧何向回都养伤的刘邦问候,刘邦将谤书交给萧何,让他自己向百姓道歉,萧何补上田价,又将田宅退还给原主,消除了谤议,也保全了自己。

那些靠起兵造反而登上王位的人,最担心的就是良将的势力大过自己并赢得人心。他们会想:我能够拥兵起义,他人为什么不能呢?天子不一定非要皇亲国戚才能当,只要你有实力,你就有机会。基于这样的心态,刘邦难免会猜疑、嫉恨手下的强将。所幸,萧何在和刘邦的博弈之中懂得放低姿态,用自污来保全自己。这样,尽管有损形象,也总比伤及性命要好得多。

★ 白兀鹫 ★

始终为生存而思考

【动物故事】

在非洲热带草原上有一种很聪明的鸟,名叫白兀鹫。这种鸟不仅吞食动物尸体,还吃鸵鸟蛋。有一天,白兀鹫发现了一颗硕大的鸵鸟蛋,这让它非常兴奋。

平时的小鸟蛋让白兀吃得太不过瘾了,这样一颗“美食蛋”足够它吃上一天。可是鸵鸟蛋的壳既厚又硬，白兀鹫的嘴和爪子无法打破它的壳。

然而，白兀鹫不会轻易就认输的，它用双爪抓住一块300克的石头，然后飞到80米高的地方，让石块从空中落到鸵鸟蛋上，一下便将蛋打破了。白兀鹫不愧是高手，选择的高度和石头的大小正好能将鸵鸟蛋打开一条裂缝，以使自己把嘴伸进去吃个痛快。

【动物启示录】

生存是艰难的，谁都会遇到特殊的、棘手的问题，但知难而退绝非智者所为。当我们沿着事物发展的正方向去思考、依照过去的经验来行事，仍旧无法实现预期目的时，不妨跳出固定的思维模式进行反向思考，这样可能会使问题简单化。

有时候，想要突破困境，就必须一改僵固的思考习惯，甚至还要采取和别人相反的思考模式，从而变被动为主动，引领和操控别人的思维方向，以达到自己的目的。白兀鹫在面对困境的时候打破了僵固的思维，运用逆向思维解决了问题。它没有抓起鸵鸟蛋往地上摔，而是选择用石块砸蛋，最终击碎了坚硬的鸵鸟蛋壳，却又没让蛋清流出来。生活在这个充满变数的社会中，人也该掌握这一生存策略，必要的时候要反其道而行之。

易卜生是挪威著名的剧作家，他年轻的时候曾参与过工人运动。有一天，他正在书写一份秘密的联络信函，不料一群警察将他的住宅包围了。警察的呐喊声让他感到紧张，随即而来的“咚咚”的敲门声更让他的心跳到了嗓子眼。他心想：警察随即破门而入，此时将机密文档烧掉是最好的办法，但时间已经来不及了，这可怎么办呢？如果把机密文档藏起来的话，警察一进门就会四处搜索，这也不是安全的办法。

易卜生故作镇定，他想象得到警察进门后会做出怎样的举动，于是他反其道而行之，并不急着收藏机密文件，而是把所有的重要机密文件都揉成了纸团，然后胡乱地丢弃在桌椅之下以及装垃圾的纸篓里，接着又把一些无关紧要的文档藏在床底下的一个小柜子里。做完这一切，他才把大门打开。过了一会儿，如他所料想的那样，警察冲进来四处翻箱倒柜，试图找出“罪证”。这时候，易卜生假装惶恐地向床底下看了几眼。警察都经过专业的训练，易卜生这样的举动当然逃不过他们的眼神，他们似乎一眼就“看透”了易卜生的秘密，当即就搜出了大批的“机密”文件，然后得意扬扬地带走了易卜生。

结局如何，想必你一定猜得到，警察把那些“宝贝”拿回去之后才发现毫无用途，而易卜生也顺理成章地被无罪释放了。

生活中，你可能很难碰到如此的凶险事件，但是仍然需要你发挥逆向思维，这样就有可能将你置于柳岸花明的处境之中。

★斑马★

绝处逢生都是以小换大的结果

【动物故事】

一群斑马来到河边饮水，快到河边的时候，它们看到河滩边布满了野草，有一对狮子就埋伏在那里，它们在这里埋伏了一个多小时了，就是要等猎物低头喝水的时候趁机俘获它们。

就在斑马们都在低头喝水的时候，两头狮子就发出了吼声，随机飞扑过去，斑马吓得仓皇而逃。

狮子捕食的时候速度非常快，而斑马也不例外，而且它们更善于耐久跑。如果是成年斑马和狮子在旷野上进行长距离的追逐战，就有机会摆脱狮子的追击。

然而，斑马群里还有老弱病残者，它们的体力有限，根本无法承受长途的奔跑。狮子也看准了这一点，于是它们瞄准了斑马群中的小斑马加紧追击。

在这个危急的时刻，一只公斑马突然收住了蹄子，它毅然地跳了出来，拦住了两只狮子的去路。同时，它又扬起前蹄仰天长啸，让同伴们快跑。两只狮子看到公斑马竟然跑上来送死，就放过了小斑马，一起围攻这只孤军奋战的公斑马。

公斑马不肯轻易地牺牲自己，它不停地在地上转着圈，试图回击扑上来的狮子，这样一来，它便给同伴们赢得了逃跑的时间。

过了很长一段时间，公斑马被折腾得筋疲力尽，它停了下来，已经不想再挣扎了，它知道自己可能马上就会被狮子给吃掉，但它觉得自己胜利了，因为它的同伴们已经跑得无影无踪了，两只狮子向公斑马扑了过去……

【动物启示录】

公斑马学会取舍、懂得放弃，它单独向两只狮子挑衅，无疑是在“送死”，但它为了让同伴们能生存下去，果断地选择了这一条路。从某种意义上说，它是为了保护整个斑马群的生命而牺牲了自己，没有什么能比这样壮烈的死亡更伟大的了。而且在群体活动中，只要有利于大局，就不会白白牺牲。

每个人在生活中时刻都在取与舍中选择，如果你只是一味地渴望占有，常常忽略了舍弃，或者没有舍弃的勇气，那么你不仅不能得到，反而会失去更多。只有懂得放弃、敢于放弃、果断放弃，才能用小的代价去换取大的胜利，牺牲局部利益去换取整体的安全。

战国时期，李牧被赵王派去守边关。刚刚到边关的李牧没有急于和匈奴作战，他每天犒赏士兵，让士兵们变得身强体壮，并且不断地训练他们骑马射箭的本事。李牧规定，凡是匈奴来犯，一律不得交战，必须迅速退回营垒防守，士兵们绝不能擅自迎战。就这样，双方僵持了好几年，赵国没有遭受任何损失，而匈奴也没有得到任何好处。

于是，匈奴人认定李牧是个胆小怯懦之辈，因此便掉以轻心了。赵国边境的战士因为终日受到犒赏却始终没有迎战的机会，心里非常着急，迫切地希望能够和匈奴大战一场。

这时，李牧见时机成熟了，便精心挑选了 300 辆战车、3000 匹战马和 50000 名骁勇善战的士兵以及十几万的神箭手，将他们组织起来进行严格的训练。同时，李牧又让附近的牧民都出来放牧。

这时，匈奴派出些许人马试探出击，李牧假装大败，匈奴人只用几千名士兵就带走了漫山遍野的牛羊。匈奴的单于听到这个消息之后，认为攻打赵国的时机已经成熟，便亲自率军进攻赵国。实际上，李牧早已知道匈奴会做出此番举动，他事先布置好阵形，正面迎敌再加上左右包抄突袭大败匈奴，使匈奴在此后的十几年里再也不敢接近赵国的边境。

从战国起一直到后来的汉武帝时期，匈奴一直都是边境的大患，像秦始皇、刘邦这样雄才大略的君主也对匈奴无可奈何，像赵国这样的小诸侯国要想打败匈奴、彻底地解除边境危机更不是件容易的事，而李牧却用一场小小的“失败”吓住了匈奴，其实就是采用了斑马“以小换大”的策略。然而，只不过斑马的“以小换大”是被迫的，而李牧却是积极主动的。

★黑熊★

养精蓄锐是为更好地生存

【动物故事】

最近黑熊吃得很胖，它那胖胖的肚子让它走起路来都感觉到有些喘。森林里的鸟儿总是调皮地和它开玩笑："大胖子，你再不减肥，连走路都不行了！"黑熊对此一笑置之，它知道冬天就要来了，而它又该冬眠了。

为了安逸地度过这个冬天，黑熊已经找好了一个山洞，它将要在这里度过长达几个月的时间。不久以后，黑熊就开始了它的冬眠生活。它每天都在睡觉，但它并没有完全丧失意识，只要稍微有点儿动静，它就会惊醒。

对于那些鸟儿在它洞外附近说的话，它都能听得见。偶尔，当黑熊听到有猎人的脚步声，它也会惊醒，反应速度很快。

黑熊在洞中冬眠，感受到了自己身体的变化，它的体温比没有冬眠时要低2度左右，体温的降低让它的新陈代谢速度减慢，而且不用耗费太多的氧气，而且它还能够感觉到自己的呼吸和心跳的次数在减少……当然，它不会死去，它体内脂肪分解所分泌的水量与机体的需水量恰好相等；它的泌尿系统所排出与吸收的尿液也正好相符。因此，它体内的水分消耗很少，整个冬天也不会被饿死。一切就是这么巧妙、这么合乎情理。

终于，冬天过去了，黑熊醒了过来，它爬出了山洞，望着森林里美丽的春景，它觉得自己浑身是劲，而且行动自如，它感觉自己在冬天里只是打了一个盹儿而已，它仍然像秋天那样强壮而有力。

【动物启示录】

上面黑熊的故事告诉人们，当环境变化影响到生存时，要争取适当的方法保存自己的力量，规避不利，以图来年更好地生存。

因此，当环境和机会不如他人的时候，不妨适度退让。对于有志者而言，他们会将其作为磨炼自己、休养生息的时间，而非一味地消沉。在成为“英雄”之前，必要时不妨做一回别人眼中的“黑熊”，忍受寒冷，待冬天过去。所谓“尺蠖之曲，以求伸也；龙蛇之蛰，以求存也。”说的就是这个意思。

三国时期，吕布在袁术的挑唆下攻打刘备，结果刘备惨败，不得不投奔曹操。

那时，曹操已经赢得了天子的支持，势力很大。刘备虽贵为皇叔，却势单力薄，为防曹操谋害，就在自己的后花园里种菜，以为韬光养晦之计。

有一天，刘备正在给菜浇水，曹操派人请他赴宴。刘备不敢违命，胆战心惊地一同前往入府见曹操。刘备随着曹操来到小亭，只见已经摆好了各种酒器，盘内放置了青梅，于是就将青梅放在酒樽中煮起酒来，二人对坐，开怀畅饮。

当时，两人都喝了不少酒，曹操准备试探刘备的真心，看他是否和自己一样，也有不甘人下、称王称霸的雄心。曹操说：“玄德，你久历四方，见多识广，请问当今谁能称得上是真正的英雄。”

刘备早有提防，故意答道：“我哪配谈论英雄呢？”

曹操单刀直入地说：“现在天下称得上英雄的只有你和我两人。”

刘备一听，心中一震，吓得手一松，筷子就掉在了地上。此时，正好闪电一亮，一阵雷声响起，刘备弯起腰拾起筷子，缓缓地说：“这天威真是厉害，这道响雷把我吓坏了。”

曹操此时才放心地说：“大丈夫也怕雷吗？”

刘备说:“圣人对雷电都会失态,我还能不怕吗?”刘备通过这样的掩饰,使曹操认为自己是个胸无大志、胆小如鼠的庸人,从此,曹操再也不怀疑刘备了。正是因为刘备掩饰了自己的真实想法,让曹操对自己不加防范,才有了东山再起的机会,从而三分天下,定都蜀中。

古往今来,但凡能够成就大事业者都深谙藏锋蓄志的龙蛇伸屈之道。正如李白所言:“大贤虎变愚不测,当年颇似寻常人。”人应当有猛虎伏林、蛟龙沉潭一样的胸怀,让人难以预测,而自己便可以在此间从容行事。

因此,君子往往藏器于身,伺机而动。弱势之时韬光养晦,在关键时刻再彰显其大智大谋,才能成就伟业。

★ 鹦鹉鱼 ★

化险为夷,多亏一身“防护服”

【动物故事】

在大海里有一种长得非常美丽的鹦鹉鱼,它的脊背是紫红色的,上面的鳍呈灰黄色,中间还嵌着娇艳的红斑点,两侧是玫瑰红色,腹部的鳍呈淡黄色,映着淡蓝色的条纹。不过,鹦鹉鱼的美还不止这些,更令人叫绝的是,它竟然还有一身备用的“晚礼服”。

夜幕降临了,海底世界比白天更加寂静。此时,鹦鹉鱼换上了一身“晚礼服”,穿着“晚礼服”的海中鹦鹉鱼仿佛是夏夜里披着轻纱的姑娘。当天亮的时候,它就会脱掉“晚礼服”,将它抛在后面的水中。

鹦鹉鱼为什么要穿“晚礼服”呢,“晚礼服”又是从哪儿来的呢?

原来鹦鹉鱼的“晚礼服”是其皮肤上的黏液分泌系统制造出来的，它除了漂亮以外，还有两种特殊的功能，一种是可以抑制其他鱼类的食欲，另外一种就是在它休息的时候，如果有侵入者游过来触动它周围的水，“晚礼服”就会振动，这个时候，在睡梦中的鹦鹉鱼就会醒过来保护自己。另外，海水能通过“晚礼服”上的微孔交换更新，还能起到温度调节的作用。

【动物启示录】

害人之心不可有，防人之心不可无。鹦鹉鱼为了睡一个安稳的觉，每当夜幕降临的时候都不忘记给自己穿上一套“晚礼服”，以此保障自己的安全。鱼类如此，人类要想保护自己，更应该拥有一套属于自己的“晚礼服”，那就是要有防人之心。

鹦鹉鱼若是没有那身“晚礼服”，很可能在睡梦中就成了其他鱼类的口中餐。虽然我们总强调要以真诚待人，不要猜忌别人。但是，人心险恶、世事难料，只有多留点心眼，才可以在突发变故的时候保全自己，使自己不受伤害。

在竞争愈演愈烈的社会中，心眼是不可缺少的，因为善与恶每时每刻都存在于现实生活之中，人的观念之中也时时存在着善与恶。

张兵最近心情很糟糕，用他的话来说，好像整个天空都是灰色的。

原来，张兵是一家公司的新员工，还不怎么了解公司其他同事的性格，他性格很是直率，无意间竟然得罪了一些同事。

对于张兵那种过于直率的性格，同事纪凯私下里提醒过他几次，但张兵并未在意。

一次工作早会上，张兵一眼就看出同事李明的策划方案有很多漏洞，所以他就当众反驳了同事李明的提议，并且还把他方案里的问题一一指出。虽然当时的李明在表面上笑脸相迎，他将张兵的反驳记恨在心。在以后的工作中，他总是处处作梗，为难张兵，有一次竟无事生非，在上司面前告了张兵一状，让张兵平白无故受了一次批评。

这就告诉我们，你没有心眼不代表他人没有心眼，正所谓："害人之心不可有，防人之心不可无。"为人处世留一点儿心眼，是保护自己避免受伤的需要，有心眼是谋略的一部分，也是智慧的流露，更是自保的象征。那些善于谋划的人，无一不是有心眼者。适时地留点儿心眼，才不会轻易遭人陷害，才可能有所作为。

★变色兔★

改变自己，适应环境

【动物故事】

在我国东北大兴安岭的森林里生活着一种会变色的兔子。如果你是一次看到它，并不会觉得它和其他的兔子有什么不同。可是一到冬夏两个不同的季节，它们的身体就会跟着四周的环境而改变。

譬如，到了夏天，大兴安岭到处都是黑色的泥土、褐色的山石、红色的花朵、绿色的树木和草地。而变色兔身上的毛也会全部换成茶叶一样的颜色，人们只看见一团绿色的东西在树丛里和草地上蹿来蹿去，却看不清是什么。有时，连狡猾的狼和狐等敌害也会被骗过。

一到冬天，大兴安岭就变成一片白色的世界，这个时候的变色兔很快就适应了环境，身上的毛变成了雪白的"毛衣"，既保暖抗寒，又避免敌害的发现。

变色兔正是因为能随季节的变化而改变毛色，从而与周围环境相适应，才使自己得以巧妙地生存下来。

【动物启示录】

变色兔是一种缺乏安全感的动物，它跑不过狼，打架也打不过老鼠，可它能随着季节的变化更改毛色，让敌人很难发现自己，从而生存下来，这种做法无不是一种高明的智慧。与此同时，它也告诉人类：当你发现环境或者他人对你的生活和目标有所影响的时候，就要努力改变自己。

大千世界的变化不在任何人的掌控之中。当你身处逆境的时候，如果不懂得变通，不对自己的心态、思维和行为作出调整，努力去适应环境，就很难摆脱窘境，达到理想的目标。正所谓："穷则变，变则通。"当你改变不了环境的时候，就要试着改变自己。

19世纪，美国发现了储量可观的金矿，这个消息轰动了整个美国，引发了一股淘金热。

一个年轻人带着梦想和众人前往西部去淘金，可是走到中途的时候，有一条大河挡住了去路。等待了好几天，被阻隔的人越来越多，有人选择绕行，也有人选择掉头回去，剩下的一些人就留在原地抱怨。就在众人怨天尤人时，年轻人突发奇想：既然大家都无法过河，那我何不摆渡呢？这些人都期待着淘金，他们不会吝啬这些小钱的。就这样，年轻人开始摆渡，很快就得到了人生的第一笔财富。

一段时间过后，大部分人都已经过了河，摆渡的生意变得冷清了，于是年轻人决定继续前往西部去淘金。可是，到了西部之后，年轻人发现这里天气非常燥热，而且淘金者遍地都是。很多淘金者因为难耐饥渴、浑身无力，因此失去了性命。

年轻人初来乍到，经常被人欺负，好不容易找到一处合适的地方准备淘金，却又被恶汉抢占了地盘，年轻人想要争辩，没想到却遭到了毒打。年轻人之前赚的那笔财富很快就花光了,可他却连一粒金子也没有挖到,还要经常忍受饥渴的痛苦。

年轻人心想:"看来淘金是没什么希望了,这样下去只会让自己的身体垮掉,与其淘金,不如卖水。"这个想法让年轻人很兴奋,甚至充满斗志,于是他开始到处询问:"这个地方哪里离水源最近?挖水渠需要什么工具……"

听说年轻人要放弃挖金矿,改行卖水,许多人都嘲笑他没有志气。可是,对于这些冷嘲热讽,年轻人并不在意,他一个人没日没夜地挖水渠,从百里之外将河水引入水池,然后将水装进水桶里,开始卖水。西部严重缺水,每天排队买水喝的人挤破了头,水总是供不应求,年轻人卖水的生意非常红火。慢慢地,有人开始参与卖水的新行业了,再后来,卖水的人越来越多,年轻人的生意就被瓜分了。不过,他很快又开始调整自己注意的焦点。

年轻人发现,那些整天在野外挖矿的人,裤子很容易被磨破,而西部到处都有废弃的帆布帐篷,这种布料非常结实,不易破损,于是,他把这些废布收集起来,清洗干净,缝制成了裤子。于是,世界上第一条用帆布做的裤子——牛仔裤诞生了,而且深受人们的欢迎。这个年轻人名叫利瓦伊斯,此后他成了举世闻名的"牛仔大王",创造了世界牛仔服的著名品牌"Levi's"。

利瓦伊斯的成功验证了一点:适应环境是生存的必要保证,也是实现成功的必要条件。当一个新的变化出现时,如果你不去适应,一味地消极,就可能会一蹶不振。只有改变自己,随着环境的变化而变化,才能够适应环境、突破重围、获得成功。

★负鼠★

斗不过就别硬撑

【动物故事】

负鼠是一种外形酷似老鼠的小动物，它身长约 40 厘米~50 厘米，它们在动物世界里的名声并不好，别人总称它们为“骗子”，因为负鼠会“装死术”，它们用这个办法“骗”过了许多动物。

一天，一只负鼠遭受到了狼的追击，眼看狼就要抓住负鼠了，可这时意外出现了，负鼠突然倒在地上，全身瘫软、口吐泡沫。再看它的两只眼睛紧紧地闭着，长尾巴一直卷在上下颌之间，肚皮鼓得很高，呼吸和心跳也终止了。

负鼠的身体不停地剧烈抖动，表情看上去非常痛苦。狼虽然很凶猛，可还是被眼前的景象吓傻了。狼不知道负鼠为何会突然间“死亡”，它通常不敢贸然接近刚刚死去的猎物，一是担心有埋伏，二是担心这些突然死去的动物可能中毒了。

狼看着负鼠，想看看到底是怎么了?“装死”的负鼠看到狼久久未曾离去，便使出了第二招，负鼠从肛门旁边的臭腺中排出了一种恶臭的黄色液体，狼很快就闻到了这种反胃的气味，最终，狼确定负鼠是真的“死”了，而且尸体已经不新鲜了。狼喜欢吃新鲜的肉，眼前的负鼠臭烘烘的，它觉得很扫兴，于是便丧气地走了。

过了几分钟，当负鼠得知狼已经走远后，便立即爬了起来，好不容易捡回了一条命，于是它赶紧逃走了。

【动物启示录】

常言道，做人要光明磊落，但是，在危急的时刻用一点儿技能保全自己也不失为一种方法。就像负鼠在遇到生命威胁的时候，如果它们不使出“装死”的计策，就得白白送死。

或许有人觉得用装死的手段获得逃生是一种懦弱之举，然而，当你真的面临“死亡”的时候，如果不能够领悟“装死”是一种计谋的话，那才是真正的愚昧。在生命与“骗子”的称号之间，相信任何一个聪明人都会选择后者，正所谓，留得青山在，不怕没柴烧。

当你遇到比自己强大的敌人的时候，要学会理智地退让，不与他们硬碰硬，更不要与对方做正面的交锋，这才是真正的明智之举。

如果为了显示自己的实力，为了向别人证明自己不是好欺负的，就贸然地与别人争斗、与别人硬碰，就会落入别人的“圈套”，到最后只会吃大亏。

王羲之是著名的书法家，他在年少的时候就已经有过人的才智。王羲之的伯父王敦是当时的东晋大将军，他非常喜欢自己这个聪明机灵的侄子，经常让他睡在自己的军帐里。

有一次，王敦与几个侄子喝酒，王羲之毕竟是小孩子，几杯下肚就醉了。王敦将他留在军帐中休息，并让他睡到自己的床上。没过多久，就听到有侍从传报“钱大人到”，王敦连忙请钱凤进了自己的军帐。钱凤也是东晋的大将军，与王敦关系甚好。两人寒暄一番过后，便遣散了所有的侍从，开始低声密语。两人交谈得非常投机，不知不觉中声音就大了起来。这时候，王敦完全忘记了在军帐之中睡觉的侄子王羲之。

王羲之睡得迷迷糊糊，听到有人在交谈。出于孩子的好奇心理，王羲之对外面的谈话颇有兴趣，于是侧耳细听。可当他听到伯父与钱凤的谈话内容后，大吃一惊。

原来，伯父正在和他人密谋叛乱的事情。王羲之年龄虽小，但他也知道：如果叛乱的事情让不相干的人知道了，定是死路一条。王羲之担心自己偷听的事情被发现，性命不保，于是他想出了一条脱身的妙计，他故意在大帐中大吐一通，让衣服和被褥上沾满了令人恶心的呕吐物，还故意在自己的脸上涂满了酒食，然后故意装作睡得很香的样子。

突然，在外面密谋的王敦想到了睡在军帐中的王羲之，他大惊失色地对钱凤说："不好！侄儿还在军帐里睡觉，我们刚刚说的话若被他听到怎么办？"钱凤听后两眼射出凶光，他对王敦说："无毒不丈夫！想要成大事，就要敢作敢为。"钱凤示意王敦杀掉王羲之。虽然王敦心有不舍，但想到自己心中的大业，便横下了心。

王敦和钱凤一同来到了床前，王敦左手撩起了帐帏，只见王羲之满脸都是呕吐物，睡得很香，而且还打着鼾，王敦便放心地对钱凤说："看来这孩子酒醉得厉害，一直都没有醒来。"就这样，王羲之保住了自己的性命。

王羲之险些就成了王敦和钱凤的刀下之鬼，幸好他是个聪明人，意识到了自己的危险处境。为了保命，他装作睡着，没有露出丝毫的破绽，这个办法帮他躲过了一劫，捡回了一条命。

由此可见，世事都不是绝对的，有时候看似不好的举动甚至是"欺骗"的行为却是保身避祸的法宝。这样做并不是出于满足自身的欲望，而是表现给外人，制造假象迷惑对方，进而让自己安全脱险。做人应该学会随机应变，根据实际的情况作出最有利于自己的选择，变不利为有利，这不是计谋，而是生活中的生存智慧。

★蜥蜴★

充分利用有限的生存资源

【动物故事】

澳大利亚的沙漠里到处都是致命的毒蛇。事实上，这里还是蜥蜴的天地，生活在这里的蜥蜴浑身都长满了小倒刺，模样不太漂亮。不过，蜥蜴并不在乎，它们知道自己的外表有些丑陋，但那却是它们对付食肉动物的“绝门武器”。也正是有了这些不漂亮的倒刺，蜥蜴才具备了特殊的蓄水功能。

有一只小蜥蜴刚出生的时候，它向母亲抱怨说：“我们的皮肤这样粗糙，上面还有很多小孔？到底有什么用啊！”

母亲告诉它：“孩子，我们生活在沙漠里，没有太多的水源。我们身上的那些小孔能够让水进入皮肤。当这些水分进入皮肤之后，就会朝着我们的头部运行，并且在我们嘴角两侧小囊里汇合，就如同一个水分收集器。当我们感到口渴、需要水分来维持生命的时候，我们只要动一动颈部，水就会从囊中流出来。这样，我们就不致在沙漠中被渴死了。”

如今，小蜥蜴已经习惯“穿”着这一身不漂亮的衣服出行了。每天晚上，蜥蜴都感觉身上凉凉的，因为那些小刺的温度比皮肤低，它知道这些小刺在将空气中的水分凝成小水滴，迅速地渗入它的皮肤，它们在为自己准备第二天的“水源”。

所以，无论蜥蜴在远行的时候行程多久，它们都不会为了找不到水源而发愁。

【动物启示录】

自然和社会都是慷慨的，它们会创造并施与各种资源给每一个生命个体。如果你想要在不利于自己生存的环境里生存，就必须有效地利用这些资源，否则就无法谈及竞争。我们如今生存的这个社会跟自然法则一样，都是优胜劣汰，如果无法适应环境，最终会成为社会的俘虏。

存在主义哲学家沙特曾经说过："人类的生命就是从绝望的另一个极端展开的。"当你身处最恶劣的环境中，面对竞争和生存的压力时，你没有别的选择，只能够借助那些能够为你所用的条件积极地为自己的生存创造机会，勇敢地去竞争、去获得，只有这样，才能在恶劣的环境中生存下去并变得更加强大。

成吉思汗，姓孛儿只斤，名铁木真，他是统一蒙古的汗王，但是他所创造的辉煌大业正是善于利用自身优势的结果。

1161 年秋，蒙古乞颜部首领也速该在斡难河畔打猎，发现了途经蒙古部驻地的诃额仑。在众兄弟的协助之下，根据当时的"抢亲"传统，也速该打败了篾儿乞人，抢来了诃额仑夫人，于是诃额仑成为也速该的妻子。

第二年，也速该俘虏了塔塔儿部的首领铁木真兀格，这时他的第一个儿子降生了。为了庆祝战功，也速该给自己刚出生的长子取名"铁木真"。铁木真 9 岁时，父亲被铁木真兀格之子札邻不合毒死。失去了父亲的庇护，铁木真的生命就陷入了绝境之中，他几次都遭人追杀。不过，在这样的条件下，铁木真并没有认输，他时刻没有忘记自己的使命，一心为恢复自己的王位而奋斗。他一边不断地训练自己的箭术，一边学习与他人搏斗的各种技巧。最后在父亲的盟友以及母亲、妻子的帮助下，铁木真依靠顽强的忍耐力进行了长达十几年的战争。

终于，铁木真在公元 1204 年统一了蒙古，占领了东起兴安岭、西起阿尔泰山、南达阴山的广大地区。在公元 1206 年春，铁木真建立了大蒙古国，继大汗之位，号“成吉思汗”，意思是“全天下的皇帝”。之后，铁木真消灭了金国和南宋政权，建立了中国历史上版图最大的元朝。

一个人要想在恶劣的环境生存下来，除了提高自己的实力之外，还要充分利用一切可以强大自己的资源。铁木真年少的时候失去了王位，多次遭受到敌人的追杀，可最后慢慢地强大了起来，正是因为他充分利用了妻子和父亲的盟友的帮助。

当时，不知有多少双眼睛在虎视眈眈地盯着“蒙古之王”的位置，这就与蜥蜴和其他动物争取沙漠中的水源大相径庭。只有充分利用资源，才能够与“天敌”展开博弈，最终大获全胜。

★ 乌贼 ★

用假象迷惑敌人

【动物故事】

乌贼是海底世界的一种软体动物，它喜欢安静的生活，可海底是一个不宁静的地方，所以，很多时候，它都必须谨慎小心，生怕一不留神就被敌人所害。

那天，乌贼正在游玩，一头齿鲸朝着乌贼的方向游了过来，乌贼从来没见过齿鲸，但它知道，许多同类都被这种动物吃掉了。

乌贼小心翼翼地躲在珊瑚旁边，它悄悄地调整了体内的色囊，让自己变得像红色珊瑚一样。齿鲸慢慢地游了过来，当游到乌贼身旁时，齿鲸没有发现它，只是在它的身边停了停，看上去在若有所思，但又像是在查探什么。

乌贼不知道齿鲸是否发现了它，但如果齿鲸一直在它身边待着，就一定会被发现，所以为了安全起见，它使出了自己的绝招——放“烟幕弹”。瞬间，它四周的海水都被它射出的“墨汁”给染黑了。顿时，齿鲸什么都看不见，它以为遇到了什么敌害的侵袭，只好小心翼翼地向前移动。这个时候，乌贼早已经悄悄地离开了这个地方。

【动物启示录】

不管是否身处险境，都应该学会保护自己。太过招摇只会惹来不必要的麻烦，因此想要生活得更好，就必须在适当的时候像乌贼那样用障眼法和烟幕弹去迷惑强大的敌人。

乌贼的这种迷惑敌人的手段，跟《三十六计》里的“瞒天过海”这一计策很相似，就是故意制造假相、迷惑敌人，最终达到自己的真实目的的一种疑兵之法。在历史上，这一计策曾被多次使用过。

公元前 341 年，魏惠王借韩国没有参加逢泽之会为由，派兵攻打韩国，企图一举灭韩。魏军攻势凶猛，弱小的韩国岌岌可危。眼看着魏国的军队就要打进国都，韩王异常恐慌，连忙派人告急于齐，希望得到齐国的救援。齐宣王一直想要攻打魏国，只是苦于没有借口，于是他便答应韩国的使者说：“齐国的援军旦暮将至。”

韩国与魏国交战了五六次，都屡屡溃败。这时，韩国又派使者到齐国，请求齐宣王速发救兵。魏军力量虽然强大，但是经过几次激烈的战斗也有一定的伤亡，而且实力也被削弱了不少。齐宣王认为，韩危魏疲的时候是出兵的最佳时机，于是齐宣王任田忌为大将、田婴为副将、孙膑为军师，率领几万名精兵和数百辆兵车攻魏救韩去了。孙膑这一次采用了“围魏救赵”的战术，魏军不敢在韩恋战，连忙调回了魏军的主力离开了韩国，随后又率兵10万试图与齐军展开决斗。

孙膑在出兵之前冷静地分析了一下双方的情况，决定用计策来取胜。他就在退兵的途中第一天砸了10万人做饭用的锅灶，第二天减少到5万人，第三天减少到3万人。魏军的追兵见锅灶逐日减少，便认定齐军怯战，逃亡人数过半，于是，魏军有些轻敌了，他们拼命猛追齐军，精力锐减。结果，魏军中了孙膑的计，全军覆灭。

在魏军和齐军的交战中，孙膑利用的计策就是瞒天过海，他故意给魏军一个错误的信息，让他们感觉齐国懦弱胆小，以此来迷惑他们。另一方面，孙膑又掌握了魏军的信息，因势利导，巧妙地利用了对方的心理，减少灶台而引诱敌人，最终取得了战争的胜利。由此可见，在和对手交战的时候，以隐蔽的方式瞒天过海，放一颗"烟幕弹"迷惑对方，很多时候都能达到事半功倍的效果。

★ 老虎 ★

随机应变，把不利变为有利

【动物故事】

森林中，一只老虎看到一群野猪优雅地在漫步，非常高兴，觉得自己一会儿就可以饱饱地美餐一顿了。于是，它就慢慢地蹲下，半小时后开始迈出前肢进行无声的潜进，它和猎物之间的距离在慢慢缩短。尽管它的动作很轻，但机敏的野猪还是感觉到了异常，它们嗅了嗅周围的空气，细微的异常气味让它们用力地蹬了一下前腿，整个野猪群便立刻进入了戒备的状态。此时，老虎还蹲在地上，匍匐着等待捕食的最佳时机，它并不知道野猪群中已经发出了警报的信号。

突然，一只母野猪有力地蹬了一下后退，翘起尾巴发出紧急警报，野猪们便随即迅速分散，顷刻间就钻进了茂密的林子里。老虎如梦初醒，猛然起身，以惊人的速度展开追捕，可惜太晚了。就这样，几乎到口的美食不见了，老虎有些沮丧，但它不甘心。

老虎离开了那片林子，跑到离林子不远处的湖边休息。它知道野猪是湖边的常客，每天都会来这里饮水。果然，没过多久，很多野猪一起来湖边饮水了，老虎把这一切尽收眼底，没有一只野猪发现老虎潜伏在周围，虽然它们之间的距离只有60米。

这时候，一只小野猪跟随着母野猪靠近了老虎，机灵的母野猪顷刻间就嗅到了“不祥”的味道，当它正准备带领孩子逃离的一刻，老虎腾空跃起，切断了退路，母野猪和小猪被逼入了湖的深水区。经验丰富的母野猪忍痛抛弃了孩子，独自潜逃。老虎一跃跳进了湖中，咬住了惊慌失措的小猪。最后，老虎把小猪的尸体拖出湖边，到树林子享受美食去了。

【动物启示录】

老虎虽然是丛林之王，可它并不是每一次都能捕获到猎物。它最喜欢吃的动物是野猪，曾经有人连续15次目击老虎捕猎野猪，但每次老虎都以失败告终。不过，老虎之所谓能够为“王”，就在于它们不会轻易放弃，只要想得到，它们总会想办法得到。

想要稳固自己的地位，要想更好地生存下去，就必须拥有一套比别人更聪明的竞争策略。老虎在山林里捕捉不到野猪，那是因为野猪可以从四面八方逃去。如今它想到了另外一种方法，转移阵地，跑到杂草丛生的湖边埋伏，当野猪发现它的时候，它不是赶紧扑过去，而是先切断了野猪的后路，最终成功地捕获到猎物。野猪的机敏令人佩服，但老虎的智慧更胜一筹。

社会充满了竞争，想要做成一件事，当用一种方法行不通的时候就要换一种思维改变策略。但是，不管运用什么策略，都必须学会将不利的形势变为有利的形势，将自身的劣势变为优势，只有这样才能够“柳暗花明又一村”。

美国的一名10岁的男童在一次车祸中不幸失去了左臂。但是，一直以来他都很想学柔道。最终，只有一条手臂的他就拜一位日本柔道大师做师父，正式开始学习柔道。起初，他非常兴奋，认为自己能够学到很多招数。可是3个月过去了，师父却只教了他一招，他有点儿沮丧，也不知道师父到底是何用意。

几个月后，师父第一次带他参加比赛。他没有想到，自己竟然非常轻松地就赢了前两轮。第三轮有点儿艰难，对手很快就显出了急躁的情绪，连连进攻，他敏捷地施展出了师父教给自己的那一招，果然他又赢了。就这样，他稀里糊涂地进入了决赛。决赛的对手实力很强，而且对方比他高大、强壮，看样子经验也比较丰富。有一段时间，他明显有点儿招架不住，裁判担心他会受伤，便叫了暂停，并打算就此终止比赛。然而，他的师父不同意。比赛重新开始了，对手有些骄狂，放松了戒备，他借此机会立刻使出了自己的那一招制伏了对方，赢得了冠军。

在回家的路上，他和师父一同回顾每场比赛的细节。他终于鼓起勇气说出了自己心中的疑问：“师父，为什么我只用这一招就能够夺得冠军呢？”师父回答：“有两方面原因。其一，你学会了柔道中最难的一个招数；其二，对付这一招唯一的办法就是让对方抓住你的左臂，可是这一点没有人能够做得到。”

一个失去左臂的人练柔道在常人看来是不可思议的，因为他的身体状况就是一种劣势。但是，正因为没有左臂，所以对方根本无法制伏他，他的劣势最终转变成了优势，并成就了他的梦想。

所以，在生活中，对于自身的劣势不要怨天尤人，而是要想方设法将自己的劣势变优势，就有可能会助你走向成功。无论是个人还是企业都有不完美的地方，如果能够正视自己的这一弱点，并努力将其化为优势，那就可以由弱变强、由小变大。

★沙丁鱼和鲶鱼★

诠释生于忧患的意义

【动物故事】

挪威人喜欢吃沙丁鱼，尤其是新鲜的沙丁鱼，然而，市场上鲜活的沙丁鱼并不多，而且价格比死鱼高出好几倍，于是，看到商机的渔民想尽办法让沙丁鱼活着回到港口。可是事情并没有那么顺利，经过很多次尝试，绝大多数的沙丁鱼还是会在中途窒息而死。原来沙丁鱼生性喜欢安静、追求平稳，对面临的危险没有清醒的认识，只是一味地安逸于现有的生活。

后来，人们发现有一条渔船打上来的沙丁鱼总能保持鲜活，便纷纷询问其中的诀窍。不料船长把它视为独家秘方，严格保守秘密，直到船长去世那天，谜底才得以揭开，原来，船长只不过在装满沙丁鱼的鱼槽里放进了一条鲶鱼。

鲶鱼以鱼为食，在放进鱼槽后，由于环境陌生，便会四处游动，这就影响到了沙丁鱼。沙丁鱼由于受到鲶鱼的威胁，变得十分警惕，加速了游动，这样一来，一条条沙丁鱼反而能够得到充足的养分而活蹦乱跳地回到渔港。

后来，人们就普遍运用这个方法来使沙丁鱼得到保鲜，并把它称作“鲶鱼效应”。

【动物启示录】

对于沙丁鱼来说，鲶鱼效应诠释的是生于忧患的意义。沙丁鱼由于生性懒散、喜欢追求平和，经常意识不到危机，于是被打捞起来的沙丁鱼尽管被渔民呵护得很好，最终也只会因为太安逸而导致死亡。鲶鱼的到来让沙丁鱼产生了比较直观的忧患意识，从而认识到自己必须活跃起来，积极寻找新的出路。这样一来，沙丁鱼们反而活了下来。

不止是沙丁鱼，草原羊也面临同样的状况。澳大利亚某牧场上经常有狼群出没，狼群大肆吞噬牧民的羊。眼看辛辛苦苦饲养的羊被狼群攻击了大半，牧民于是求助政府和军队将狼群赶尽杀绝。

在政府的帮助下，狼群消失了，羊的数量大增，牧民们非常高兴地认为实现了预期的效果。可是，若干年以后，牧民们却发现羊的繁殖能力大大下降，不但羊的数量锐减，而且体弱多病，羊毛的质量也大不如从前。

这时候，牧民才恍然大悟，失去了天敌的羊，生活得太安逸了，连生存和繁殖的基因也逐渐退化了。于是，牧民又请求政府再引进野狼，最后狼回到草原，每日被狼群追杀的羊的数量又开始增加了。

其实动物如此，人亦如此。急中生智、置之死地而后生、艰难困苦、玉汝于成，这些词语讲的都是生于忧患、死于安乐的道理。

《孟子》中讲到过一篇关于“生于忧患，死于安乐”的文章：“舜发于畎亩之中，傅说举于版筑之间，胶鬲举于鱼盐之中，管夷吾举于士，孙叔敖举于海，百里奚举于市。故天将降大任于是人也，必先苦其心志，劳其筋骨，饿其体肤，空乏其身，所以动心忍性，增益其所不能。”承担重任的人之所以受尽苦难，首先要磨炼他的意志和身心，借以提高他的竞争能力。

这就告诉我们，作为一个人，成功的先决条件就是必须要有“忧患意识”。从古至今，多少英雄豪杰做出的丰功伟绩都少不了“忧患意识”作为精神支柱，这也体现出忧患的重要。

爱迪生是为人类作出巨大贡献的发明家，但是他并不是生于富裕之家，也并没有机会接受良好的教育，他省吃俭用、积攒零钱创建实验室，在这样艰苦的条件下学习钻研、不停地埋头实验，一生创造出1300多项发明。

这种刻苦钻研不屈不饶的精神就是忧患的结果。我们每一个人都应该有忧患意识，只有抱着这样一种态度，自己的学业就会有成，自己的事业才会成功。

第二章

做人的境界

动物和人类一样有着七情六欲，如果不懂得好好地控制，就无法活得自在。动物们为了活得自在，各个都成了修身养性的高手，人类有不少修身的方法就是从动物那里学来的。

★狗★

一生忠诚，不要嫌贫爱富

【动物故事】

一只黑褐色的狗在安丘公墓里转来转去，不停地用鼻子在每一块墓碑上到处闻着，谁也不知道它到底在寻找什么。

如果人们仔细地去观察它，就会看到它那痛苦的眼神，就好像找不到回家的路一样。

狗沿着墓园的小路悄无声息地走着，墓园的工作人员说："直到我们看到它卧在了一个新的坟墓前发出凄惨、呜咽的声音才明白是怎么回事。"原来小狗一直在寻找自己的主人，每天它都会在那里纹丝不动地待上几个小时，直到暮色降临它才依依不舍地离开墓园。

慢慢地，人们认识了这只小狗，每天都给它送来食物，时不时地抚摸它几下。后来，人们给它起了一个名字叫萨比，意思是"石碑"，因为它的新家就在心爱的主人的墓碑旁边。可是到了傍晚的时候，它不会待在这里，没有人知道它到底去了哪儿。曾经有人跟踪过它，但它总能把人们甩掉。萨比的故事传到了所有来安丘公墓悼念亲人的来者耳中，每次他们来扫墓的时候，除了给亲人带上一束鲜花外，总不忘记给萨比带上一些吃的。

【动物启示录】

狗是人类最信赖的助手，它有着忠诚的品质。它忠心耿耿地跟随主人，同甘共苦，从不计较任何回报，有的狗在主人处于危难时还能全力搭救。狗的忠诚也警示了世人：在与人相处的过程中，不要做背信弃义之人，只有忠诚之士才值得信赖，这样做于人于己都有利。

从古至今，为了利益而忘掉道义、出卖朋友及同盟的人有很多，他们在有利可图的时候往往会忘记自己当初与对方的约定而背信弃义，这样的人可能会获得一时的好处，但也可能会因此而落得十分悲惨的下场。

忠诚守信在现代职场中是非常可贵的。一个不忠诚的士兵如果在战场上遇到困难，他可能就会违背统帅的指挥而独立行动；同样，如果一个员工对企业不忠诚，那么他就会处处为自己的利益着想，而将企业的整体利益抛之脑后，甚至为了利益而泄露公司的机密。这样的员工即便再有能力也难以得到公司的重用，甚至可以说，没有一个公司愿意用这样的人。

张强来到一家企业已经一年了，当初老板明确说好一年后就让他做技术总监。如今一年已过，老板却迟迟没兑现。一天，张强看到老板的红人赵刚，就叫赵刚帮他问问。

赵刚想：老板既然许了诺，就应该兑现，莫非其中有什么原因不成。于是，赵刚找了一个恰当的机会专门和老板谈起了这件事。

“这个人品格有问题，不能重用。”老板说。

赵刚问：“为什么呢？”

“他之前所在的公司是我们的竞争对手，有一天，他约我见面，说他掌握了那家公司全部的技术秘密，如果我肯以高薪聘用他，他愿意将那些技术秘密奉献给我。我答应了他的条件，给了他高薪，但重用他的事，我一直不敢兑现。”老板说。

“你的意思是说，如果重用了他，他掌握了你的秘密之后，也可能出卖你，对吗？”赵刚说。

“是啊，他是一个不够忠诚的人、一个卖主求荣的人！原来那家公司对他很不错，他出卖了老板，使得那家公司一蹶不振。有了第一次，肯定会有第二次，如果我重用他的话，下一个受害的可能就是我！”老板说，“我非但不肯重用他，我还准备辞退他，但在做好准备之前，我不能让他知道，谁能保证他在得不到他想要的东西时会怎样疯狂地搞破坏呢？”

在诱惑颇多的今天，人们很容易背叛自己的忠诚。因此，一个人能守护忠诚的就显得更加珍贵。坚持自己的忠诚，需要鉴别力也需要抵抗诱惑的能力。当你忠诚于你的企业时，你所得到的不仅仅是企业对你更大的信任，还有更多的收益。当你不忠诚你的企业，将企业的机密出卖给其他人，这样做虽然能让你获得一时的利益，但长期下来，损害的将是你的职业声誉和前途。

★河蚌★

只有容得进沙子，才能吐出珍珠

【动物故事】

两只河蚌在海边的浅水处相遇了，一只河蚌对另一只河蚌说：“姐姐，我感觉很痛苦，因为我身体里好像进入了一些沙粒，为了减轻痛苦，我不得不分泌出一些东西来包围它们。”

另一只河蚌看着同类显出痛苦的表情，没有丝毫的同情，反倒幸灾乐祸地说：“妹妹，我很同情你。但是你要知道，虽然你现在很痛苦，但你会因为痛苦而变得更有价值。”痛苦的河蚌并不明白另一只河蚌在说什么，只是觉得自己只能尽可能地分泌更多的东西去包住那些沙粒，那样才能缓解自己的痛苦。

许久以后，那只身体饱受煎熬的河蚌感觉身体变重了，里面长出了一个圆圆的东西，原来，那些沙粒成了珍珠。

【动物启示录】

河蚌要想获得光彩夺目的珍珠，就必须宽容那些寄生虫和沙粒。包容是一种美德，更是一种明智的生存之举。如果你不能够敞开胸襟去包容那些与自己不同甚至是相反的意见，就会到处树立敌人，给自己带来更多的麻烦。

古人常说："忍人之所不能忍，方能为人所不能为。"宽容是一种修养、是一种质量，更是一种美德。自古以来，每一个成功的人几乎都有着海纳百川的广阔胸襟。但是，宽容并非是胆小无能的表现，而是一种修养、一种大度、一种崇高的品德。

雨果曾说过："人们总认为，海洋最宽阔，可是比海洋宽阔的是天空，比天空宽阔的是人的胸怀。"当你怀有一颗宽容的心，你的胸怀既能容纳海洋，也能容纳天空，又怎么会容不下别人一个小小的错误呢？

另外，宽容也是生活中一种为人处世的良方。我们在生活中难免与他人发生摩擦，面对别人的无心之过，不必咄咄逼人，要宽容地付之一笑，如此既化解了矛盾，又博得了他人的尊重。生活如此精彩，不必把每天的时间都浪费在无谓的痛苦之中。

有位德高望重的老法师一日傍晚在禅院中散步，突然看到墙角边有一张椅子，他一看便知道有位出家人违反寺规越墙出去溜达了。

见到此状，老法师并不做声，而是悄悄地走到墙边慢慢地移开椅子，就地而蹲下来。不一会儿，果真有一个小和尚翻墙而入，黑暗中踩着老法师的肩膀跳进了院子中。当他双脚着地时，才发现自己刚才踏的不是椅子，而是自己的师父。见状，小和尚惊慌失措、张口结舌，想着这下该被赶出寺院了，一副十分难过的样子。

但是出乎他意料的是，师父非但没有厉声地责备他，只是以平静的语气说："夜深天凉，快去多穿一件衣服吧！"小和尚听了很受感动，从此再也不敢违犯寺规了。

如果故事中的老法师发现小和尚违反寺规而对其大加斥责，可能就会生出许多烦恼，小和尚最终可能也会被赶出寺院，痛苦自然少不了，而他以宽容的心态去处理这件事情，就使双方都少了许多不必要的麻烦。

宽容对于改善人际关系与身心健康都是十分有益的。如果你能以宽容之心去对待你周围的人，就自然会忽略他们在生活、工作、学习过程中的一些过失，能够有效地防止因事态扩大而加剧彼此之间的矛盾，避免产生严重的后果。

事实证明，不懂得宽容的人只会使烦恼和痛苦殃及自身。过于苛求别人或苛求自己的人必定会使自己处于极为紧张的心理状态之中，也不容易感受到快乐。

总之，宽容是和谐人际关系的一剂调味品。金无足赤，人无完人。面对别人的错误、过失，聪明的做法就是宽容待之。宽容别人的同时也是在宽容自己，是在解脱自己。倘若人与人之间没有宽容，恐怕我们的生活将会充满仇恨与报复，人们也感受不到幸福的滋味，聪明之人，都应当懂得这一为人修身之道。

★ 工蜂 ★

一生勤劳，无怨无悔

【动物故事】

之所以大家都叫它工蜂，因为它担负着蜂群的全部社会劳动。每天在出发采蜜之前，它们还要充当哨兵。它们待在蜂巢入口处检查，一旦发现有入侵者便发出警报。

此外，工蜂还要不停地四处飞行，寻觅蜜源、花粉及水源，采集花粉、吸吮花蜜，之后再酿造蜂蜜，储藏蜂粮。一旦遇到敌害侵袭，工蜂又会义无反顾地群起而攻之，誓死捍卫自己的家园。保护自己的伙伴不受伤害，是每一只工蜂义不容辞的责任，它们会心甘情愿地为集体卖命。可是当它们的蜇针蜇到了敌人的时候，它们就要离开这个世界了。

【动物启示录】

工蜂一生都在为蜂群付出，虽然它们无法享受到自己的劳动果实，但这是它们生存的职责，也是它们真正的价值所在。蜜蜂如果没有酿造出多于自己消耗的蜜，人们恐怕就不会知道蜂蜜的香甜，当然也会漠视蜜蜂的存在。

白方礼生于1913年，祖辈贫寒，13岁起就给人打短工。他从小没念过书，1944年，因日子过不下去逃难到天津，流浪几年后当上了三轮车夫，靠起早贪黑蹬三轮车糊口度日，经常挨打受骂，让人欺负、再加上苛捐杂税，终日食不饱腹。解放后的白方礼靠自己的两条腿成了为人民服务的劳动模范，也靠两条腿拉扯大了自己的4个孩子，其中3个上了大学。同时，他还供养着20岁就守寡的姐姐，并支援侄子上了大学。一个不识字的老人，对自己能用三轮车碾出一条汗水之路、把子女培养成大学生感到无比欣慰。

1974年，白方礼从天津市河北运输场退休后，曾在一家油漆厂补差。1982年，老人开始从事个体三轮客运。每天早出晚归、辛劳奔波，攒下了一些钱。1987年，已经74岁的他决定做一件大事，就是靠自己蹬三轮的收入帮助贫困的孩子实现上学的梦想。这一蹬就是十多年，直到他92岁逝世。

为了让贫困的孩子们能安心上学，白方礼老人靠自己的劳动，在十多年的时间里先后捐款35万元，资助了300多个大学生的学费与生活费。他为学生们送去的每一分钱都是用自己的双腿一脚高、一脚低那么踩出来的，是他每日不分早晚、栉风沐雨，用淌下的一滴滴汗水积攒出来的，来之不易、来之艰辛！照常理，像他这样的古稀老人不仅无须再为别人做什么，倒是完全应该接受别人的关心和照顾。可他没有，不仅丝毫没有，而是把自己仅有的能为别人闪耀的一截残烛全部点燃，并且燃烧得如此明亮、如此辉煌！

老人的一生是默默无闻的一生，也是辉煌的一生。在默默无闻中奉献，在默默无闻中感受着自己的光荣。老人无怨无悔的精神值得世上的每一个人学习。

★蝴蝶★

不做“美丽的花瓶”

【动物故事】

在骄阳似火的夏日，一只玉带凤蝶飞到了一棵树下，被树上的乌鸦看到了，乌鸦对它说：“喂，凤蝶姑娘，天气这么热，你跑出来干吗？没看到我们都躲在阴凉处吗？你这么脆弱，当心被晒化了。”

玉带凤蝶没有理会乌鸦，它依旧带着纤弱的身体在烈日下翩翩起舞，毒辣的阳光对于它来说似乎根本算不上什么。

乌鸦在树上嘀咕：“你就是个花瓶，还在我面前逞能，待会儿晕倒了看谁会管你。”玉带凤蝶身上那层细小的鳞片在阳光下光彩照人，可谁也不知道，在烈日的照射下，玉带凤蝶表面覆盖的这层鳞片会自动张开，能有效减少太阳光对表皮的直接照射，减少了热量的吸收。所以，无论多么酷热的天气它也不畏惧，它依然能够优雅地在花丛中翩翩起舞。

如果天气骤变，气温迅速降低，它的鳞片就会自动闭合，让太阳光直射在上面，这样就能吸收更多的热量。虽然它的体型不如其他动物，但它忍受酷暑、抵御风寒的能力却是其他动物所不能及的。

【动物启示录】

玉带凤蝶很美丽，甚至被人誉为“会飞的花”。它们拥有美丽的外表，更拥有善“变”的本事，它告诉我们，在这个充满变量的环境中生存，仅有美丽的外表是不够的，还必须练就一身能够适应环境变化的本事，否则只做一只“美丽的花瓶”，稍不小心就会变成碎片。

玉带凤蝶美丽的外表是它经受酷热与寒冷的法宝，但起主要作用的还是它“随机应变”的本事。所以，一个人如果光靠自己的外表去赢得青睐或是换取成功，如果幸运的话，或许真能取得一番成就，但一个人若只有美丽的外表却缺乏真正的本事，在社会中是无法立足的。

有人觉得精于打扮并非全部出于自愿，是周围的环境和社会风气导致的。因为人靠衣装，马靠鞍，在很多场合，人们都会通过看你身上的打扮来评议你。更有甚者，认为自己穿着不够时尚，就不能找到好工作，认为精于打扮就是顺应变化、生存所需。的确，在现代职场中，长相漂亮的女性会比一般人多一些机遇，但是，有了机遇也是需要实力的。漂亮的衣着或许能够让你一时占上风，但想要持久制胜，还需要自身的涵养和丰富的知识储备做基础。

刘晓燕和安妮同时进入一家外企工作，刘晓燕和安妮都很漂亮、时尚。上班第一天，安妮和刘晓燕都获得了极高的人气，中午，有很多男同事请她俩吃饭，安妮很是兴奋，但是刘晓燕却不以为然，她除了与同事保持友好的关系外，并不与他们有过多的私人交往。

不久，安妮就陷入了感情的漩涡中，有时候，她糟糕的情绪还影响到工作，经常会出现这样或那样的错误，为此她经常挨上司的批评。而刘晓燕却把心思扑在了工作上，她还利用业余时间参加各种考试，还自学了与工作相关的各种技能。几年之后，她们之间的距离便拉开了，刘晓燕被公司派到国外培训，回来后做了客户部的经理；而安妮依旧在她的感情漩涡里打转，除了落下心头上的伤痕，没有其他任何收获。

很多女人都会觉得美丽是一种优势，但如果没有很好的心智，不能够正确处理好漂亮与能力之间的关系，那么漂亮就会成为绊脚石。若是当初安妮能够把自己的“优势”用好，借助人际关系不断地提升自我，那么也许她的结局就不是这样了。

常言道：“爱美之心，人皆有之。”但是你若只知道外在的打扮，却不注意强化自身的内在，终有一天会被社会淘汰。

因此，当你在追求外在美的同时也别忘了学学玉带凤蝶，多增加一些“真本事”，这样才不致成为“花瓶”。

★ 蜜蜂 ★

飞不出瓶口，是因为不敢打破教条主义

【动物故事】

一位科学家把一只蜜蜂和一只苍蝇放进了同一个玻璃瓶里。蜜蜂觉得很难过，它认为自己是勤劳的使者，如今却与苍蝇这样一个脏兮兮的动物为伴，它有些难受。

科学家把玻璃瓶平放在桌子上，平底朝向光线充足的方向，然后轻轻地打开了瓶盖。蜜蜂和苍蝇都不知道发生了什么，它们都一心想逃出去。蜜蜂靠以往的经验，拼命地往有光线的地方一次次地飞去，结果就撞死在了瓶底的玻璃上。

苍蝇智商不高，它飞的方向也没什么逻辑可言，于是四下乱飞、到处乱撞。可就是这样，它用了不到一分钟的时间，就顺利地从瓶口逃出了玻璃瓶。

【动物启示录】

适者生存是指生物积极去适应自己身处的环境，就能活下去。这不仅包括动物本身努力地改变自己固有的习性，还要学会随机应变。

我们每个人都有惯性思维，比如当有人问你一加一等于几时，你总会认为答案是 2；提到“移动”，只会想到前后左右移动，却没有想到还有另一种移动，那就是上下移动……这些都是我们的惯性思维在作祟，在职场

中，就更是如此了，当我们面对问题的时候，总是习惯先问老员工，然后按照他们的方式去解决，或者去翻书本，然后生搬硬套，最后我们很可能就会像蜜蜂一样固守着“有光就有出口”的真理，一头撞死在瓶底。

有一次，一艘远洋的海轮遭遇了大风浪，不幸在大海中触礁沉没，最终只有9人幸存了下来，他们爬上了一座孤岛。

9个人都饥饿难耐，他们在这座孤岛上走了一遍，发现这座岛上只有石头，没有其他任何可以用来充饥的食物。不仅如此，岛上天气炎热，9个人口干舌燥，但是可以饮用的只有海水。又咸又涩的海水根本不能用来解渴，于是，9个人就开始等，希望奇迹能够出现。只要有船只经过此岛，他们便能够脱离苦海。

但是等了好久都没见有人来，8个人相继死亡。最后的一位船员在快要渴死的时候，因为实在是忍耐不住，就跳进了海里拼命地喝起了海水。当这名船员喝完海水之后发现，海水不仅没有咸涩的味道，反而非常甘甜。

就这样，这名船员开始喝海水度日，没过几天，就等来了救援的船只。

后来，科学家来到这里，取了一些这里的海水进行化验，化验结果显示，这些海水根本不是海水，而是泉水。原来，这里的地上不断有地下泉水涌出，而正是这些泉水救活了最后一名船员。

这位船员给我们好好地上了一课：敢于打破思维教条才能存活。反之，因循守旧的人只能吞下失败的恶果。不过分拘谨的人是懂得变通的人，不会拘泥于自己的方寸之地，而是会把自己的目光放到更广阔的天空中。比如大象，如果把它放到无边的旷野中，它就会成长为强有力的“大力士”，能用鼻子钩起一吨重的物品；但如果从小把它放到马戏团里，大象却可能被拴在小小的木桩上，安安静静地站着，原因就是大象从小就被锁链锁住拴在木桩上，就算长大了，将铁链换成绳子，出于思维定式的考虑，大象也不会再去挣扎分毫。

社会亦是如此，如果你不跟随社会的发展而去变通的话，只会让自己不断地倒退，从而被社会所淘汰。

职场中的人更是如此，如果只是墨守成规，去走别人的老路，只会让自己成为别人的附属品，在这个社会中很难有所突破。很多人把习以为常信奉为一种真理，总是拿别人如何如何来讲解道理，这样的话就会让自己逐渐失去对事物的创新思维，进而被陈旧的观念所左右而难以变通，这样一来，人们就不会注意到你，你也就失去了展现的舞台，难以有所作为。

由此可见，你要做的就是发挥自己的主观能动性去创新。这样，你才能够锻炼自己，让自己成长。要想突破自身的惯性思维是需要你不断地锻炼的，只有不断锻炼，你才能慧眼识珠，才能实现自己的目标。人生路漫漫，但是关键的就是那紧要的几步。创新性思维是你取得成功的重要保证，你要做的就是尽全力做好自己，这样才能突破思维的禁锢，超越前人所取得的成就的局限，才能够让自己真正出类拔萃、与众不同。

☆ 王鱼 ☆

对于改变不了的事情，不妨试着接受它们

【动物故事】

每年，到布拉将岛参观的游人都数不胜数，其中大部分游客并不是来这里欣赏美丽风景的，而是来看王鱼。

王鱼是布拉将岛独有的一种鱼，它有一种本领，它能分泌出一种液体，让一些较小的动物贴附过来，然后慢慢将这些小东西的身体吸干，成为自己身上的鳞片。通过不断吸住这些附属物，王鱼的身体会变得越来越大。

由于身体巨大，很多小动物都很害怕王鱼。这样一来，王鱼一直都活

在莫名的荣耀里。可是当王鱼渐渐地老了，分泌不出太多的液体了，那些附属物就会慢慢地脱离它的身体，于是，它又恢复到了原来的面目。它自己无法忍受无鳞的生活，当它发现自己完全光秃秃，就会选择往岩石上猛撞，最后，到死时都是遍体鳞伤。

【动物启示录】

王鱼因为无法接受失去，所以选择撞死，这是一种愚蠢的行为。就像许多人，因为不能接受失去或失败，最终结束自己的生命，这是得不偿失的。

世界上的很多东西都并不是完美的，这些不完美的东西给人们带来许多烦恼甚至悲剧，比如人的寿命是有限的，也正因为这样，许多人才不甘心，总是想方设法要去改变这个事实。再比如，古代有很多皇帝为了能够活得长久一些，就四处寻找长生不老的秘方，可到最后还是摆脱不了宿命。

这就是事实，我们别无选择。要想活得开心一些，就必须接受这些无法改变的事实，人生的无奈实在太多了，它们不会因为你不喜欢而推迟到来的时间，它们会如期到来，打扰你的生活、打扰你的工作。

很多人经常抱怨自己工作上的不如意：哪些事情自己不愿意去做、哪些人不愿意去理。但是，你抱怨又能怎样呢？有些事情，既然你无法控制，那么你只好控制自己。

人类的适应能力是动物所不能比的，即便周围的环境很糟糕、情况很恶劣，只要你肯去适应，就没有什么大不了的。当你不能改变生活，你就去接受生活。生活本身就是这样，不如意的事情太多了，如果不能改变，为什么就不去微笑着接受呢？

在“二战”期间，有一位名叫伊丽莎白·唐莉的女士，在庆祝盟军在北非获胜的那一天，收到了一封从战争前线发来的一份电报——她的独生子牺牲在了战场上。

儿子是她唯一的亲人，也是她平生的最爱，那是她生命的全部。她无论如何也接受不了这样的事实，精神极度处于崩溃的边缘。她开始心灰意冷、痛不欲生，决定放弃工作远离家乡，找一个无人的地方了却余生。

当她在临行前清理行装的时候，忽然发现了一封还未拆启的信件，那是她儿子在刚刚到达前线后写给她的。她激动地拆开信，看到这样的话："请妈妈放心，我永远不会忘却你对我的教导。不论我在哪里，也不论遇到怎样的灾难，我都会勇敢地面对并接受眼前的生活，像真正的男子汉那样。我将会永远以你为榜样，永远在心中保留着你永恒的微笑。"

她读完信后，顿时热泪盈眶，就将这封信读了一遍又一遍，似乎发现儿子就在自己的身边，并用那双炽热的眼睛望着她，并关切地问道："亲爱的妈妈，事实已是如此，你为何不去试着接受它呢？"

此时，伊丽莎白·唐莉打消了背井离乡的念头，一再对自己这样说："告别痛苦的手只能由自己来挥动，我应该像儿子所说的那样试着来接受它，并继续快乐地生活下去！我虽然没有起死回生的能力，但是我却有能力选择继续生活下去！"

后来，伊丽沙白·唐莉打起精神开始写作，最终成为一个颇有影响的作家。

是的，当你遇到苦难的时候，不能总是沉浸在其中不能自拔，要试着接受它，并往最好处去努力，才能无悔于以后的生命；遇到不可能改变的事实，不管多么的痛苦不堪，也要勇敢地去面对，这样才能看到希望的阳光。

另外，在生活中，你付出的所有努力都不可能得到回报，不可能让周围的人都满意你。当你无法得到你想要的结果时，你可以对自己说："没错，瞧我这一路上奇妙的发现，看看我的努力带给生活的精彩！"正是生活的不完美，才更有弥补的乐趣，所以，当你不能改变的时候，就想办法接受吧。

★ 大象 ★

随时都准备为自己“充电”

【动物故事】

每逢干旱的季节，村民们经常看到象群排着队朝附近的一个山洞里进进出出，而且年年如此，人们很是不解。

有一个小伙子为了解开这个疑问，就尾随大象来到了潮湿阴暗而细狭的通道。他看到大象用象牙撬开洞壁上的岩石，然后用鼻子卷起来一口一口地吃掉了，而且吃得津津有味。年轻人以为岩石上有什么特殊的“宝贝”，于是也捡了一块放进嘴里。可刚放进去，他就被那又苦、又涩、又咸的味道给惊呆了。好像是盐巴，原始的盐巴，又苦又涩，难吃极了。

可是，大象为什么要吃这些东西呢？

原来，大象所进食的植物中，其盐的含量是极少的，而这些又不够日常消耗所需。对于庞大的个体来说，盐是不可或缺的。所以，它们才来到山洞里补充盐分。

【动物启示录】

大象无疑称得上是动物世界里的“智者”，它们根据自身的需要及时地补充能量，决不会坐以待毙。没有什么东西是取之不尽、用之不竭的，大象体内的盐分会随着唾液和水分的消失而消失。为了生存下去，它们进行自我能量补充。人类比其他动物要聪明许多，当我们自身的某些能力存在不足的时候，也应该及时补充，为日后的生存和发展储备能量。

在现实生活中，很多人都渴望自己能够成为天才。可惜，天才只不过是人们头顶上的一顶光环、一顶帽子，如果它的底下没有一个充满智慧的头脑，那么“天才”也只是一个幌子；而且，如果这个“天才”不能够时刻为智能的头脑补充知识，那么他终有一天会“江郎才尽”。

年轻女孩张小姐从英语系大专毕业后，在一家外贸公司做前台接待，月薪为 1200 元。她的工作内容是琐碎的，每天除了接听和转接无数个电话、接待来访客户外，还要订机票、叫快递、订午餐……张小姐将每一项工作都做得尽职尽责。她明白，只有不断提高自己的能力和素质，才能获得更好的职业提升。张小姐通过自学考取了本科，又通过了英语专业八级的考试。在公司里，她还细心地向同事学习如何在业务上“攻关”。

两年之后，张小姐成了一家跨国公司的经理秘书，月薪为 6000 元，每月的收入提高了 4800 元，可见这个投资的回报率可真不小啊。

学历只代表过去，只有不断地学习才能让自己有个美好的未来。学习和呼吸一样重要，学习力就是成长力，停止学习就是拒绝成长。有句话是这样说的：“人类生存一天，就需要学习一天，否则，我们与禽兽何异？”

知识不是与生俱来的，不管自身聪明与否，都需要后天不断地学习。如果你不更新自己的知识，你的大脑总有一天会枯竭。因此，任何人也不敢、不能轻易地说自己的知识足够用了。在这个信息时代，你必须确立终身学习的习惯和决心，不断地接受新知识，唯有如此，你才能够适应社会的发展需求，才能够不断地走向成功，成为一个有智慧的人。

★骆驼★

“沙漠之舟”全靠一身忍功

【动物故事】

一只成年的骆驼开始了它平生第一次远行，它的身上托着主人的货物。

在一望无际的沙漠中行走时，它可以一个星期都不用喝水。但是在每次出发之前，它都会一口气喝下100多公斤水。因为路途遥远，又要保证运货的时间，骆驼与它的同伴们在途中很少排便，如果是其他动物的话，如果不排除体内的尿素废料，就可能患上尿中毒的疾病，而骆驼却丝毫不担心这一点，它可以依靠肝脏将多数的尿素进行再循环，制造成新的蛋白质。

就这样，骆驼在沙漠中走了十多天，终于抵达了终点站。虽然是第一次远行，但它还是完满地完成了任务，它内心很激动，因为只有被称为“沙漠之舟”的骆驼才能做到。

【动物启示录】

沙漠里寸草不生、干旱燥热，可骆驼靠着一身的忍功在这个环境里生存了下来，它这一身忍饥耐渴的功夫并不是轻易就能够练就的，而是长期与沙漠环境斗争的结果。同样，对于人们来说，身处困境之中，只有善于忍耐的人，才能够更好地生存下去。

在人生的旅途中，有时候遇到的困境要比饥渴残酷得多，而一个人对待困难的态度就是平庸者与成功者的分水岭。那些在困难面前只懂得怨天尤人的人，最终只会一事无成；而那些凭借着顽强的毅力与困难并肩作战的人，最终都能够突破困境，赢得人们的尊重。

实际上，多数的失败者没有犯过什么大错，只是他们本身的韧劲不足，稍遇到挫折便退缩不前，缺乏忍耐和敢作敢为的决断力，也正是这些弱点将他们一步步地推向了失败。人和人的一生都是在失败的挑战中度过的，经验不是与生俱来的，它们是磨难的升华。无数的成功者都用自身的事迹证实了这一点，司马懿就是其中之一。

三国时期的司马懿是在曹操赤壁之败后投靠魏国的，但曹操生性谨慎，看出司马懿胸怀大志，就故意不委以重任，而叫他辅佐曹冲。这时司马懿没有选择离去，而是尽心尽力地留在曹冲身边。

后来，在宫廷斗争中，曹冲死于非命，曹操又命他另侍新主。但这时曹丕、曹植、曹彰等前景未明，于是他就选择了隐忍，为曹冲守灵3年。数年之后，待曹魏大权前景明朗后，他才重出江湖，开始辅佐曹丕。

在朝中，曹氏家族一直对他打击中伤，令他三番五次被贬，甚至有性命之危，但他凭借自身的智慧和坚韧挺了过来，最终奠定了司马家族在魏国的地位，从而篡得政权。

综观三国，英雄辈出，像蜀国的诸葛亮、关羽、张飞、赵云，吴国的周瑜、孙乾、陆逊，等等，虽然英雄人物层出不穷，但许多人的性格都过于刚直，而唯独司马懿性格坚韧、不露锋芒。他的隐忍并非无意的等待，纵然在被重臣排挤、不得大势的险恶情况下也能求得自保，因为他时刻不忘自己的抱负，为了有朝一日的“薄发”而“厚积”。十年磨一剑，剑一出鞘就能君临天下。

我们虽然练不出关、张、赵的武艺，也没有刘备的皇室血统，更没有诸葛亮的谋略，但我们可以修炼出司马懿那样坚韧隐忍的品质。

在绝望的境地中奋斗，一个人潜在的力量总能够得到启发，如果没有这样的奋斗，就不会发现真正的力量。司马懿曾经也是一个平凡的人，他之所以能够这样伟大，是因为他不断地和逆境作斗争，靠着一股忍耐力坚持着不屈服。我们生活在一个充满竞争的社会里，想要有所成就，就必须有毅力、有决心、有忍耐力，更要懂得失败不是人生，而是一种经历。

★鸭子★

不要只看到他人表面的光环

【动物故事】

鸭子生于陆地，是我们经常见到的动物，它最大的本领就是对季节和气候的敏感。只要它在清晨的水面上叫唤，便预示着大风就要来临；每当傍晚它不停地潜水觅食，偶尔将头插入翅膀，休息一会儿之后又不停地觅食，就预示着阴雨即将来临。

鸭子非常适合在水中生活，因为它脚上长着蹼。鸭子能短暂地在低空中飞行，它走起路来摇摇晃晃，很像个步履蹒跚的老太太。

但是，一到了河里，它就变得自由灵活起来显得又悠闲又自在，殊不知，它的双脚必须在河里不停地游动，才能使它悠然前进。

人们看到它的时候，它在水里悠然地游来游去，却不知道它为了前进，暗中不知道使了多少劲儿，因为有河水隔着，所以才没有人看到它不停地用力划水的脚。

【动物启示录】

人们总是羡慕那些成功人士表面的光环，被那些成功人士的言行举止所左右，殊不知，他们背后付出的汗水却是常人的10倍甚至百倍。就像鸭子一样，悠闲快活地在河上游动，是表面现象，而真正的动力则来源于河里不停划动的脚。

生活中，有些人常常抱怨自己生不逢时、怀才不遇，并责怪上苍的不公：名利与自己无分、富贵与自己无缘，却对自己拥有的视而不见。其实，很多时候，不是你没有努力，只是你努力还不够，所以，你一定要明白，一切的成功都是来之不易的，天才仅仅是辛勤汗水下的一个表面的光环。

欧洲有一位很出名的女高音歌唱家，她年纪轻轻就已经闻名于世界。有一年，她到邻国举办了一场个人演唱会，这场演唱会的门票早在一年前就已经被抢购一空。

演唱会结束后，歌唱家与自己的丈夫和儿子走出了剧场，在门口等候多时的歌迷们顿时涌了上来将他们围住，每个人都在呼唤着歌唱家的名字、说着一些赞美和羡慕的话，有人羡慕她大学毕业后就走红了，而且如此年轻就能够进入国家级的歌剧院，成为其中的主唱；也有人恭维歌唱家嫁了一个阔丈夫，还生了一个可爱的男孩……听到那些恭维的话，歌唱家没有作出任何的回应和解答，她只是安静地聆听着。

等到人们把话说完之后，她才缓缓地开口说："我感谢大家对我和我家人的赞美，也很高兴与你们分享快乐。只是，我要坦白地告诉大家，你们只看到了我风光的一面，我还有另外一些不为人知的地方，你们夸奖的这个可爱的男孩其实是个哑巴，而且他还有个姐姐，那是个需要常年关在铁窗里的精神分裂症患者。"

听到歌唱家说出这番话，在场的所有人都傻了，他们面面相觑，却不知道该说什么，因为他们不敢相信自己听到的事实。看到大家诧异的表情，歌唱家心平气和地说："其实，这一切只能说明一个道理，上天对任何人都不会给予太多。"

上天原本就是公平的，当他为你关上一扇门的时候，必定会为你打开另一扇窗。只要你不怨声载道、愤世嫉俗，只要你能勇敢地接受遭遇的痛苦，那么就算你身临绝境也会感到幸福。所以，你不必羡慕别人风光的外表，更不要去嘲笑失意的落魄者，也无须抱怨命运的捉弄。不管是祸还是福，是运气还是机会，每个人只要勇敢地向自己所认为的正确的道路走下去，就会感到幸福和满足。

★美洲豹★

失败其实并不可怕

【动物故事】

它叫美洲豹，又称美洲虎，其实它既不是豹也不是虎，而是生活在美洲的一种肉食动物。它是西半球最大的食肉动物，它有虎与狮的力量、豹与猫的灵敏，它的性情比狮虎还要凶猛，河里作战本不是陆地猛兽的长处，而美洲豹却敢冲入河中捕杀南美鳄。

它会爬树、会游泳，它有着非凡的狩猎能力，只要是它看中的猎物，就别想逃过它的利爪，但它也有失手的时候。

一天，它拼命地追着一只野猪，这只野猪不但凶猛还特别狡猾，结果它失败了一次又一次，最后野猪没有被抓获，不久之后，它就死了。不是因为它在追捕野猪的时候体力消耗太大了，因为一次次的失败给它的心灵造成了严重的打击。可以这么说，它是被自己给气死的。

【动物启示录】

美洲豹那么强大，可心灵却是那么脆弱。这让我们联想到，现实生活中，有很多人之所以不能接受失败，是因为他们之前像美洲豹一样获得成功实在太容易了。也许之前是他们运气太好，抓住了机遇，可运气不会一直留在他们的身边，一旦他们遭受到了失败，他们就跟美洲豹一样，无法接受自己。

其实，失败并不可怕，可怕的是人在遭遇失败后依然站在失败的脚印上。只要你勇敢地、稳稳地踏着自己的脚步，失败就会被你踩在脚下，就会被你的力量碾得粉碎，甚至还可以从中体悟到很多人生中最宝贵的哲理。

人生在世，不可能一辈子都春风得意、事事顺心，失败是你必须要面对的，一个有梦想的人要学会用积极的心态去面对失败。

历史学家曾说："美国的救主是林肯，没有林肯，美国很可能会因为种族不平等而解体。"然而，这位拯救美国开国以来最危险局面的伟人却是个出身贫寒、在家庭和事业中历经了无数坎坷的人，一直到他 51 岁成为总统之前，他都交不出一张可以炫耀的履历表：7 岁时，家里没有了房子，他被迫出去打工；9 岁时，母亲去世；22 岁时，与人合伙做生意，3 年后同伴死去，留下他一人多年来还债；26 岁时恋爱了，但爱人却因心绞痛而去世；28 岁时，他向另一位女子求婚遭拒绝；37 岁时，第三次参选才选上国会议员；39 岁时，参选国会议员失败；1849 年，40 岁时，他想在自己的州内担任土地局长，却遭到拒绝；41 岁时，失去自己 4 岁的爱子；45 岁时，竞选参议员失败；47 岁时，竞选副总统失败；49 岁时，竞选参议员失败；51 岁时，成为美国总统。

只有敢于面对失败的人才能取得别人无法取得的成就，只有经历过无数的失败，你才能获得无数的成功。林肯的故事就证实了这一点。

敢于面对成功的人不一定是英雄，但不敢于面对失败的人必定是一个对时间流逝而长叹的懦夫。因为面对失败是需要有非凡的勇气的。一个敢于面对失败的人就具有非凡的勇气，也不愧成为"英雄"。

其实，我们最大的敌人不是别人，而是我们自己。在人生的道路上，我们不仅要承受外界的压力，还要时时面对自身的挑战，所以我们在遭受失败和挫折时，首先应在心理上战胜自己、直面自己，认真地分析失败的原因，不要牢骚满腹、怨天尤人，也不要低估自己的能力，我们要自信地从挫折和失败中站起来。如果你在失败面前低头认输，那么你就真的失败了，就算有再多的机会，你也不敢去尝试，宁愿放弃一次唾手可得的机会，久而久之，你就会像美洲豹一样接受不了自己。

★北极熊★

学会控制，凡事适可而止才能免除祸患

【动物故事】

北极熊是名副其实的北极统治者，在一望无际的冰天雪地里，没有任何动物是它们的对手。它们有一个特性，那就是嗜血如命，就算几公里以外有血腥味儿，它们依然都能用鼻子嗅到。

一只饥饿的北极熊在冰天雪地里寻找食物，这时候，它闻到了远处的血腥味，它循着味道走了过去，很快就发现了一根超大型的带血的棒冰，它迅速地去舔食，那根棒冰冰凉无比，它的舌头渐渐地麻木了，但是面对这样的美食，它仍旧不愿放弃。

然而，北极熊却不知道它上当了，那根棒冰正是爱斯基摩人设下的圈套，他们猎杀了北极熊最爱吃的食物海豹，把它的血倒进一个水桶里，用一把两刃的匕首插在血液中间，然后拿到户外进行冰冻。冰冻好了之后，就将这根棒冰扔在了雪地里，等待北极熊上钩。

北极熊还在舔食着棒冰，虽然舌头麻木了，但它还是感觉出了一点

儿，血的味道变了，而且是新鲜的血液，还带着温度。可是，新鲜的血液刺激着它，它越舔越起劲儿，根本不知道那是自己的血。

原来，它已经舔到海豹血棒冰的中央部分，埋在中央的匕首划破了它的舌头，血冒了出来，但是麻木感让它感觉不到疼痛，于是就不停地舔下去。这样舌头伤得越来越重，血流得越来越多，最后，它因为失血过多，休克晕厥了，爱斯基摩人就这样，几乎毫不费力地捕获了北极熊。

【动物启示录】

在生活中，我们经常会有这样的体会，有时候，两个亲密无间的好朋友，当你们天天黏在一起的时候，会发现，友谊却在不知不觉里减少了；还有一些恋人，当两人每时每刻都在一起的时候，却发现自己的爱人离自己远去了。就像北极熊那样，凡事只要做过了头，再美好的东西就会化为虚无，甚至变成“魔鬼”，给自己带来伤害。

每个人都渴望得到幸福，但在追求幸福的过程中，我们都可能像那只北极熊一样，总是不肯轻易放手，总是试图能够得到的多一点、再多一点，把握不住分寸，最终伤及到了自己的致命之处。有个词语叫做适可而止，还有个词语叫做过犹不及，将它们用在这里都不为过。如果不懂得掌握“度”，那就可能真的会成为血泊中的“北极熊”。

春秋战国时期，秦国的南面有一个美丽而又富饶的地方叫蜀国。当时，各个国家都渴望得到蜀国，但是蜀国地势高、山势险峻，如果强行进攻的话，肯定会失败。秦国的国君秦惠王得知蜀国国君非常贪财，而且永远都不懂得满足，于是他决定利用蜀王的这一弱点讨伐蜀国。

秦王派人制作了一头石牛，又在牛的屁股后面放了大量的金银财宝，然后对外宣称这些都是石牛屙出来的，并派使者到蜀国告知蜀王，秦王要将这头石牛送给他。蜀王听到这个消息之后喜笑颜开，连忙派人去观看。

秦惠王收买了那个察看的蜀国人，结果那个人回去禀告蜀王说确有其事，于是，蜀王贪得无厌的本性露了出来，他怎么可能错过这样的“好事”？

于是，蜀王连忙派人填平山谷，架起桥梁，准备迎接石牛。贪财而又愚钝的蜀王并不知道秦军就隐藏在石牛的后面。山路开通后，秦军便冲了出来。蜀国人没有丝毫防备，秦军顺路而下杀了蜀王，得到了这个富饶的宝地。

《老子》曾说：“持而盈之，不若其已；揣而锐之，不可长保也。金玉盈室，莫之能守也。贵富而骄，自遗咎也。功遂身退，天之道也。”这就是说，水已经盛满，不如停下来。捶打金属让它尖锐，难保不长（必遭挫败）。金玉满堂，没有守得住的。富贵而骄傲，会让自己招灾。功业成就、退位收敛，这些都是自然规律。蜀国的灭亡就是蜀王贪得无厌的下场。

适可而止是一种境界，也是一种智慧。人要取得进步，就必须知道自己应该在哪里止步，这是对生命的尊重和敬畏，也是对现有生活的珍视和负责。不管做人还是做事都应当有度，知道适时“放”、适时“收”，特别是在欲望面前更要懂得适可而止。一旦过度放纵欲望，结果只会事与愿违。

★ 鲸鱼 ★

适度放慢节奏，让生命更精彩

【动物故事】

鲸鱼是一种很大的鱼类，它们的体长最多能长到30米左右，体重最重可以达到170吨。在茫茫大海里，它们是强者。所以，很多小鱼就成了它们的主要食物。

鲸鱼虽然是海洋里的霸主，但并不代表就没有动物敢惹它们，沙丁鱼就敢对鲸鱼进行挑衅，当然，沙丁鱼不是跟它们硬拼，它有着自己独特的方法,可以把一条鲸鱼杀死。

一条只有20厘米长的沙丁鱼遇到了鲸鱼,它拼命地向前逃,大鲸鱼在后面拼命地追。沙丁鱼迅速地向岸边靠近,鲸鱼只顾追击它的目标,没有看见近在眼前的沙滩。当鲸鱼以极快的速度接近海滩时,想停下来已经不可能了。由于惯性,它被冲上了岸,陷在了沙子里,不能动弹。而沙丁鱼的身体很小,只要一点儿水就能够存活,不久,海浪又会把它带回大海。

【动物启示录】

鲸鱼是海洋的霸主,可却被小小的沙丁鱼给打败了,这主要是因为鲸鱼一心只想抓住对方,太过盲目,没有及时停下来看看自身所处的环境,最后才掉入了沙丁鱼的陷阱里。在如今这个竞争激烈的时代,很多人都像一台机器一样,从清晨开始便匆匆忙忙地"运动",早晨闹钟一响就意味着忙碌的一天即将开始。

在忙碌的一天中,我们来不及吃早餐,工作的琐事已堆满案头,查资料、计算数据、描绘图纸,一遍遍重复着,甚至连中午饭也顾不上吃。夜幕降临,还得收拾起满身的疲惫,打起精神超时加班。日复一日、年复一年,每天都在忙碌中度过。可惜,我们的生活并没有因为不停地忙碌而变得更加美丽。在忙碌中,许多人觉得生活越来越压抑,越来越找寻不到自己心灵的空间。与其这样苦苦地折磨自己,不如适时地停下来,试着给自己的身心放个假,这样才能让自己体味到更多的快乐,才能让生命更精彩。

对于此,美国著名的作家爱琳·詹姆丝深有体会,她认为,人在忙碌的过程中,只有停下来适当地休息才能活出自我来。

爱琳·詹姆丝年轻的时候不仅是个作家,还是一个投资人兼职一个地产公司的投资顾问。她这样形容自己的生活:"我就像上了发条一样紧张。"她在努力奋斗了几十年以后,突然有一天,她坐在自己的办公桌前面，呆呆地望着这些写满密密麻麻的事宜的日程表，她的内心突然抽动了一下，觉得自己的生活再也承载不了如此多烦琐的事务了。于是，她马上作了一个决定：摒弃那些无所谓的忙碌，给自己的身心放个假。

于是，她开始着手给自己列出一个清单来，把那些琐碎的事务全部清除掉。她取消了当日所有的电话预约，并将堆积在办公桌上所有读过或没有读过的报纸和杂志全部都清除掉。为了不让每个月的账单函件打扰到自己，她也注销了自己全部的信用卡。

就这样，她通过改变自己的日常生活与工作习惯，使自己的身心彻底地放松了下来，整个人顿时变得快乐了许多，而且当时她也觉得自己的生命变得有意义了。

后来，爱琳·詹姆丝在自己的著作中说道："我们的生活已经太过紧张了。在人类的历史进程中，从来没有像我们今天这个时代拥有如此多的东西。这些年来，我们一直被外在太多的物欲诱导着，我们误以为自己只要努力就一定会拥有一切东西，但是，这些东西事实上却让我们沉溺其中并且心烦意乱，因为它们使我们失去了创造力。与其这样忍受折磨，不如舍弃这些东西，给自己的心灵多腾出时间来休个假，这样才能使我们保持永远旺盛的创造力。"

假如生活是一趟单程列车，那么中途必然需要休整，就像是这趟列车长途跋涉时一个个小小的车站，我们需要在那里加水、加煤、检修。一味地不停向前，往往会使自己的精神处于紧绷的状态之中，无暇享受到生活片刻的美好时光。

然而，适时地停下来给自己的心情放个假，并不是在提倡一种慵懒或拖拉的生活方式，而是说要在快节奏的生活中设置减速器和转换器，即要在快速和缓慢之间找到一种可贵的平衡点。当你从忙碌之中停下来的时候，就会发现生活中原来还有如此多的未曾被你发掘的美丽。

诚然，我们不可能让世界慢下来，但所幸的是，我们至少可以让自己的脚步再慢一点儿，让时间不再时时刻刻都有棱有角，而一如流水般柔软，从而让我们游刃有余地穿梭其中，和途中的每一片花瓣一样充分享受阳光雨露，一步步地去丈量脚下的路，如此，渐渐地我们便会发现欲求越来越有止境，而内心的世界则愈来愈无边际。

★猫★

永远保持独立的人格

【动物故事】

传说猫有9条命，也就意味着它能活9次，也要死去9次。

第一次，猫作为国王的宠物而降生。国王喜欢这只猫，因为它雍容华贵，国王还为它做了一个美丽的篮子，每天与国王一起承受百万人的跪拜。但这只猫过得并不快乐，它郁郁寡欢，总希望自己能死掉。终于，在一次战争中，猫死在了国王的脚边。

第二次，猫作为渔夫的猫活了一次。渔夫十分喜爱这只猫，每次出海捕鱼，都会带着它，而猫也能跟着渔夫吃到各种美味的鱼。但这次，猫同样不快乐，它不知道自己的人生究竟有何意义，于是选择了死亡。

第三次，猫生在了马戏团。马戏团的魔术师喜欢用猫表演魔术，还喜欢训练它跳火圈、玩游戏。猫本来以为自己找到了人生的乐趣，因为至少在台上，它还是自由的，但这种自由太渺小了。于是它计划逃跑，就在逃跑的过程中，被魔术师发现，一箭射死了。

这一次，猫成为了一只流浪猫。每天，它都为了填饱肚子而四处奔波，有时为了抢夺垃圾箱里的残食还要经过几重搏斗。虽然日子过得艰难，但是猫是快乐的，它享受这种走在阳光下的自由。

再后来，猫儿恋爱了，并且有了自己的孩子。就这样，它经历了一场幸福的婚姻，直到配偶老去、死去。猫觉得自己的人生再无遗憾了，于是再次选择死亡。这一次，它再也没有活过来。

【动物启示录】

猫作为人类半驯化的宠物，有着非常独立的性格。一般来说，它们爱好运动、非常开朗，一旦周围的环境出现改变，就会表现得十分敏感。幼年的猫对主人有一定的依赖性，但成年后便显现出一定的独立性人格。终其一生，猫都骄傲地守护着自己的独立人格，如果你想要对其加以改变，那么只会迎来它的背叛和逃离。

作为一种宠物，猫尚且能如此彻底地坚守自己的人格，实在难能可贵。反观我们人类，更应该加以学习。

生活在这个世界上，每个人都是独一无二的，以前从来没有出现过，将来也不会出现，直到永远的未来，也不会有另一个完完全全一样的你再出现。这不是空穴来风，就连现代遗传学也已经证实了这一观点，你之所以能成为你而不是别人，是由你父母亲各 23 条染色体决定的，是由千百万个不断变化着的遗传因子决定的。这种几率不是人为可以模仿和改变的，因此，我们每一个人都应该庆幸自己的独特存在。

然而，生活中，我们人类却时常忘记了自己的独特性，而去刻意模仿那些所谓的“偶像”和成功人士，结果在这个过程中逐渐迷失了自我、丢失了方向。

爱默生在他的散文《论自信》中所说：“每一个人在他的教育过程中，一定会在某个时期发现，羡慕就是无知，模仿就是自杀。不论好坏，他都必须保持自己的本色。虽然广袤的宇宙间全是美好的东西，但除非他耕耘那一块属于自己的土地，否则他决不会有什么好收成。他所有的能力是自然界的一种新能力，除他之外，没有人知道他能做些什么、他能知道些什么，而这些都必须靠他自己去尝试求取。”

很多时候，羡慕就是无知，模仿就是在自我毁灭。的确如此，人的一生，应该最值得骄傲的不是最后能取得多大的成就，也不是自己像某个成功人士一样取得了成功，而是是否发现了自己并保持了自己的独立人格。

像猫一样，相信自己，寻找发现自己，从而做自己喜欢做的事、做自己认为有意义的事，这应当就是所谓的成功。

第三章

处世的韬略

为了生存，动物们拥有很多人类无法拥有的智慧，譬如处世的学问。现实生活里，有不少人不懂得如何为人处世，导致自己一遇到困难立刻陷入四面楚歌的境地。为了让自己的人际关系更加和谐，我们不要自恃自己是高等动物的身份而看不起对方，你应该把头低下来，去向动物们学习处世的韬略。

★章鱼★

能屈能伸才能演绎圆满的人生

【动物故事】

章鱼因为力大无比、残忍好斗、足智多谋，被人们称之为海洋里的一霸。每天，它们最开心的事就是把自己的身体塞进海螺壳里躲起来。等附近的鱼虾接近时，它们会先咬断它们的头部，注入毒液，使其麻痹而死。然后，它就可以美美地吃上一顿。

不过，在大海中求生存，章鱼并非是一帆风顺的，它们经常会处于极为危难的环境中。

有一天，一只章鱼被打鱼者捉上了船，放进了一个盛水的箱子里。但是，打鱼者并不知道它是个狡猾而又倔犟的家伙。它在箱子中拖着重重的身躯寻找箱子的缝隙，它庆幸自己没有脊椎，当它看到箱子的缝隙后，很轻松地把身子弯曲起来，塞进了缝隙之中。一会儿工夫，它就从缝隙中钻了出来，跳进了茫茫的大海之中。

【动物启示录】

有人将章鱼称之为出色的战略家，这一点无可厚非。陌生环境中，如果把所有的东西都表现出来的话，就像是程咬金的“三板斧”，第二次“交锋”，总是会失败。章鱼在这方面表现得更加精明，为了获取食物，它宁愿把自己的身体蜷缩在一个狭小的空间中，默默等到时机的到来。

为了逃命，章鱼能改变身体的形状，这样的品质就像水，处在一个什么样的容器中，就会变成什么形状。环境是个容器，如果你的人生能像水一样，一定会过得很顺利。

我们都听过太多诸如“愚公移山”、“只要功夫深，铁杵磨成针”这样激励人们进取的故事，我们发誓要进取，要向不可能发起进攻，甚至以“有条件要上，没有条件创造条件也要上”为人生的座右铭。的确，面对困难，知难而上是一种勇气，但是，当困难无法逾越时，能够全身而退也是一种智慧。

这里需要注意的是，暂时的弯屈不是让人不思进取、颓丧沉沦，更不是为了目的而不择手段。弯曲是为了保存力量，是为了寻求更好的策略和发展道路，以求更大的发展。真正的大丈夫应当根据时势，适时而有度地屈伸，也只有这样的能屈能伸才可以演绎出圆满而丰富的人生。

屈，是一种难得的糊涂、一种“水往低处流”的谦恭，是在屈辱中抗争的“忍”、困境中求存的“耐”、名利纷争中的“恕”、与世无争中的“和”；伸，是一种以退为进的谋略、以柔克刚的内功、以弱胜强的气概，是“无可无不可”的双向思维、是“有也不多，无也不少”的自如心态、是“不战而胜”的上上计策。然而，能屈能伸并非毫无原则，凡事皆有度，一旦超越了某种界限，就走向了事物的反面。

韩信在早年流亡落魄时屡屡遭人欺负和奚落，甚至曾受到泼皮无赖的当街故意为难和挑衅，让他在众人的耻笑声中遭遇了胯下之辱。不过，韩信用他日后的成就证明了能受得了奇耻大辱的人必是盖世奇人，能屈能伸的才是大丈夫。

生活中从来没有常胜将军，只有做到进退自如、能屈能伸，才能笑傲江湖。真正的勇士是懂得并且善于利用进退规则的，因为无论选择进退都需要大无畏的精神，有时候“退”更加需要决心和勇气。

★ 猎豹 ★

给对手留一条活路

【动物故事】

一只饥饿的猎豹出来寻食，它仔细地搜寻着眼前这片广袤的非洲大草原。突然，就在风吹草低的那一刻，猎豹发现了一头卧在草丛中的非洲羚羊。

这时候，猎豹的口水都快流下来了，它的确有些急不可待。它一下子从瞭望台上蹿了下来，隐蔽地向那头羚羊处靠近。

这头羚羊显然发现了它，本想站起来立刻逃命，可是没跑多远就又倒了下去。原来，它的身上有一道深深的伤口。看来今天的猎豹真是太走运了，不费什么工夫就能饱餐一顿。

猎豹慢慢地走近了它，如今它只要张开嘴，就可以饱餐一顿，但是它转念一想，这只羚羊受伤了，如果就这样将它吃掉，自己岂不是太“卑鄙”了？猎豹盯着眼前这头奄奄一息的羚羊，静静地等待着，时间过去了很久。最后，它仍不能痛下决心去对付这头可怜的羚羊。“思考”了很久之后，它还是决定离开了。

【动物启示录】

饥肠辘辘的猎豹本来可以在羚羊受伤的时候毫不犹豫地将它吃掉，但它却没有这样做，而是给对方留下了一条活路。

在充满竞争的社会中，每个人都会充分利用自己的优势，尽自己最大能力去战胜对手、获取利益。然而,如果对方已经丧失了还手之力,那么不妨给他留下一条生存之路,这样可以让你在未来获得一些丰厚的回报。

事物总在不断地发展和变化中,当你在角逐中占据上风的时候,不管说什么或是做什么,都不能将对方逼上绝路,要适时地给对方留条后路。谁也不敢保证自己的一生都是顺利的,给对方留有余地就是给自己留条生路,如果把事情做得太绝,非要置对方于死地,那么最先掉下悬崖的人可能不是对方,而是自己。

1997年8月6日,时任微软公司总裁的比尔·盖茨向大众宣布了一个重要的决定:他要向陷入危机中的苹果电脑公司注入资金1.5亿美元。这一消息一经传出,电脑界无不为之哗然。

在当时,微软公司与苹果公司一直是电脑界的重量级大企业,双方是竞争对手,曾经在市场竞争中斗智斗勇、互不相让。但是,随着微软公司的不断强大,苹果公司昔日的王者风范已经逐渐地消退,如果此时强大的微软公司能够出重拳,定会将其逼到绝境之中。但是微软却没有那样做,而且还十分慷慨地拉了苹果公司一把,这着实令业内人士感到迷惑不解。

原来比尔·盖茨深知"瘦死的骆驼比马大",苹果公司尽管其目前处于窘境之中,但是其潜在的实力是不可估测的,如果自己不出手援救的话,其他电脑公司也会抓住苹果公司乏力的机会纷纷提出与它合作。如此一来,定会威胁到微软电脑界霸主的位置。

美国总统林肯曾经说过这样的话:"把敌人变成朋友,既消灭了一个敌人,又多了一个朋友。"这就很好地说明,让对手活着并帮助他,对你是有好处的。没有百事可乐,很难想象可口可乐会怎么样。帮助对手,给他一点儿希望,他会扮演挑战者的角色促使你进步,不也是好事吗?

当企业在打江山时,要树立明确的对手,用价格、质量、服务和对手竞争,当企业成为市场老大以后,面临的是如何守住市场。过往的竞争已经证明了对手是很难打“死”的，因为他们既然能存活这么久，一定是拥有一定的优势，如果你赶尽杀绝，对方就会与你硬拼，到那时你怎么办?你不仅抢占不到它的市场，反而还会损害自身的利益。此时如果去打击对手，成本是极高的，不划算，你的眼光要放在利润上，而不是市场占有率上，你不妨把自己看成对手，和自己的过去比，和行业外的著名企业比，和国际一流水平比，而不是整天想着把对手赶尽杀绝。

让一步海阔天空，做企业如此，做人也是一样，如果为别人留了条活路，那么在自己危难的时候，对方也不会把事情做绝；相反，如果你让别人无路可走，最后也会把自己的出路堵死。

★ 鳄鱼 ★

借助外力生存下去

【动物故事】

一天，一只老鼠看到鳄鱼正在一块一块地吞食石头，它不禁觉得有些奇怪：“鳄鱼为什么要吃石头呢?难道那些石头是甜的?”老鼠的嘴巴比较馋，它连忙回到洞穴里叫上几个伙伴，趁鳄鱼不在时“偷吃”它刚刚剩下的那些石头。几只老鼠使劲地用牙咬，只咬下了一小块，它们细细咀嚼，那味道根本不是它们所想象的那样甜。突然，老鼠的举动被鳄鱼发现了，它们就趁机逃跑了。

鳄鱼不解：“老鼠不是吃粮食的吗?怎么吃起石头来了?”树上的一只猴子目睹了这里发生的一切，它说：“老鼠看到你吃石头，以为是什么美食呢!所以它们就忍不住跑来‘偷吃’了。”

鳄鱼听了猴子的话之后哈哈大笑，它解释说："我吃石头是为了磨碎胃里的骨头和一些比较硬的食物。我的胃很软，如果不吃点儿石头的话，连水蜗牛的壳都不能消化掉。小鳄鱼的胃里如果没有石块，其潜水能力也会比那些吞了石块的小鳄鱼还差呢！再说，这些石块也能够起到'镇仓物'的作用，能让我潜伏在水底的时候自由地活动，不致被湍急的水流冲走。"

猴子听了鳄鱼的话之后恍然大悟，原来，鳄鱼那么辛苦地寻觅石块、吞食石块，是为了帮助自己生存下去，并不是因为石头本身多么好吃。

【动物启示录】

动物想要成功地生存下去，总会想尽各种办法：乌鸦为了喝到瓶子里的水，会借助石块让水涨高；而鳄鱼为了消化胃里的食物、增强潜水的能力，也会借助石块。这就提醒了我们：当自身的能力不足时，去借助外界的力量，也能让自己更强大起来。

现实社会里有些人总是认为做人要靠自己。然而，很多事情都不是靠一个人能够完成的，你必须借助别人的力量。想要实现自己的宏伟目标固然要靠自己，但也不要忽略了别人的力量，只有善于借助别人的力量，才能更快速地取得事业上的成功，创造灿烂的人生。

东波公司的总经理李东波是一位善于借助他人之力的智者。在经营东波公司的过程中，他多次向社会招聘贤能之人。曾经，东波公司有位职员突然提出辞职，到一家酒店做业务经理，李东波曾经和其一同工作过，他知道这名员工非常有才干，而且在处理人际关系方面做得很出色。

李东波认为，如此优秀的人才就这样离开自己的公司，显然很可惜。而且，李东波觉得自己在处理人际关系方面的能力有所欠缺，而那位员工恰恰有这方面的长处，如果把他留下来，一定能使自己的事业有所突破。于是，他决定找这位将要离职的员工谈一谈。最终，他的诚意打动了对方，那名即将离职的员工又重新回到了东波。于是，李东波在那位员工的配合下齐心协力，为公司提高3000万的利润。

一个人要完成自己的事业，必须要在发挥自身聪明才智的同时还要学会借助他人的能力与才干。否则，即便是天才也无济于事。尼采鼓吹自己是万能的，但他最后却发疯而死。在成就事业的征途中，除了自己要积极努力以外，选择恰当的人才也非常重要。

如果不吃石头，鳄鱼的生存就会陷入困境；如果一个人没有“外力”的帮助，那么他想要成就大事也是很艰难的，就连牛顿都说自己的成功是因为站在了巨人的肩膀上。因此，如果你想要或是正在为了成就一件大事而努力着，那么就不要忽略了你身边那些“石块”的力量，他们也许就是助你成功的人。

★海参★

壮士断腕，弃车保帅

【动物故事】

海参是一种低等动物，它们浑身都长满了肉刺，让人分不清哪面是头、哪面是尾。它们生活在热带珊瑚礁边的水藻里，以小虫、小虾为食。它们很懒，慢悠悠地晃动，很容易引起敌人注意。因此，它们经常遭受到鱼虾们的嘲笑：“你跑得这么慢，遇到了敌人可怎么办呀？它们一下子就能把你吃掉。”可事实真的是这样吗？

原来，海参外观长得很难看，动物们很少吃它们，即使哪个动物“相中”了它们，它们也不担心，在最危险的时候，它们会一股脑儿地将自己的内脏从肛门或体壁裂口抛将出来，然后将身体藏在周围隐蔽的地方。

有一次，一只身躯庞大的螃蟹发现了一只海参，试图要将它吃掉，眼看着螃蟹步步逼近，海参突然将自己的内脏从体壁的裂口中抛了出来，快速地躲进了洞穴里。这一幕让螃蟹看得有些吃惊，它没敢吃海参扔出来的内脏，而是悄悄地走开了。丢掉内脏的海参并不会立即死去，用不了多久，它的肚子中又会长出新的内脏来。

【动物启示录】

海参在关键时刻为了保全性命，毫不犹豫地抛弃了自己的五脏六腑，在敌人来不及思考对策的时候却成功地逃离了险境。还是那句话："留得青山在，不怕没柴烧。"海参抛弃了内脏，不久之后又长出了新的内脏，它依然完好无缺。做人也该学学海参，当断不断、犹豫不决是身处危机时的大忌，有时候就该学会"丢车保帅"。

人生最痛苦的时候莫过于选择，因为有选择就有放弃。对一个人来说，如何选择是一种对感情的考验，更是一种对智慧的考验。象棋上有一招叫"丢车保帅"，如果将其运用到现实当中，则是舍弃一些相对次要的东西，维护相对重要的东西，尽管有时这种举动并非出自内心，但这着实是一种保全大局的智慧。

曹操在攻打袁术的时候，因为战事吃紧，所以粮草出现了紧缺的状况。粮官前来请示曹操，曹操说："可以先用小碗分发给众将士，以应一时之急。"粮官觉得此法不妥，说道："这样做的话，士兵一定会抱怨，到时我们该怎么办？"曹操胸有成竹地说，"放心，我自有办法。"

于是，粮官按照曹操的指令，给将士们用小碗分发了食物。果然，晚上军营里便怨声四起，众人皆言"丞相欺众"。这时，曹操偷偷地把粮官叫来，说向他借一件东西，以此稳定军心，希望粮官不要吝啬。粮官问："丞相欲用何物？"曹操说要借他的头示众。

听到曹操说出这番话，粮官顿时愤慨万分，他争辩道："我没有罪，我完全是按照您的指示来做事的。" 曹操说，"我当然知道你没有任何过错，可如果我不杀你的话，众将士就会造反。你死后，我会善待你的家属，放心吧！"曹操随即贴出布告：粮官故意用小碗盗窃军粮，已正军法。就这样，粮官被斩首示众，军心终于稳定了下来。

粮官明明是按照曹操的旨意办事，但最终却被杀了头。有人觉得曹操奸诈，让粮官替自己挨骂名。但若从大局上看，粮草短缺是事实，曹操如果不忍痛"舍车"，就不可能稳住军心。

对于一个统率大军的领导者而言，这样做无疑是"舍小取大"。我们可能不会遇到和曹操一样的问题，但是他的这种做法却值得我们借鉴和学习。人的一生中总有很多事情需要作出决定，而且每个决定都很重要，如果同时有好几个问题摆在你眼前，而且都需要第一时间得到解决，你该怎么办？这个时候，一定要选定一个最重要的决定，然后集中精力去作这个决定。其他的决定对于你而言也很重要，但若时间不允许，就要学会放弃。

古今中外，很多取得成功的人都是充分运用脑力进行有效思考的人。也许你过去没有注意过这一方面，甚至认为这并不重要，那是因为你还没有遇到一些复杂的问题。当你面临一个重大决策的时候，如果你没有习惯规划脑力资源，就可能无法作出决定，甚至作出错误的决定。

因此，无论你面对的事情多重要、多紧急，一定要先做最重要的事，选择更加重要的东西，只有这样才能够减少不必要的损失，这与海参舍弃肚肠保住性命是一样的道理。

★ 森蚺 ★

不要处处高人一等

【动物故事】

有一天，一只狮子要到对岸去找些吃的，当它刚要上岸时，突然一条大森蚺从河边的树上坠下来，一下子就把它缠住了。森蚺越缠越紧，狮子呼吸越来越困难，最终它沉没在了水中。

有谁敢在森林之王的头上动土？它就是重量级的大蟒蛇森蚺。森蚺常盘踞于树上，拖着10多米长的身体，耐心地等待猎物出现。森蚺谁都不怕，不论狮子、老虎、野猪，等等，只要它相中了，便会从天而降，紧紧缠住它们的身体，直至勒断它们的骨骼，让它们停止呼吸。森蚺的战斗速度是相当快的，从来不会对被捕获者手下留情。

但是森蚺也有对手，它从不敢轻易惹它，即使穿过它的领地时都尽量避让着走，它就是眼镜鳄。

有一次，森蚺误入了眼镜鳄的产卵地，结果被眼镜鳄发现了，它以为这条大蛇要吃它的孩子，便不等森蚺解释，一跃而上，咬到了森蚺的身体。森蚺也将眼镜鳄缠住，但是，眼镜鳄皮肤坚厚、牙齿厉害，并且知道森蚺致命弱点在哪儿，仅一会儿工夫，森蚺的头便垂下了，它的骨关节被咬断了。

【动物启示录】

森蚺很强大，连狮子、老虎都不是它的对手，但它遇到眼镜鳄却要绕道，否则就会成为眼镜鳄的盘中餐。这就说明了，再伟大的人也是有弱点的;再强悍的人也有自己的克星。所以,不要以为自己就是天下第一,为人处世低调一点儿,才能生活得更快乐。

在这个世界上,我们每个人都是一个独立的个体,每个人都有自己的个性,所以在交往的过程中不可避免地会在某一方面与别人的观念不同,自然就会产生大大小小、各种各样的矛盾。

当你面对这些矛盾时,如果你争强好胜,总是想着高别人一等、想压别人一下,那么往往就会在无形之中给自己及周围的人带来很大的压力,破坏良好的人际关系,使自己走向孤立无援的境地,这也意味着你为自己的生活设置了许多障碍,使自己生活的各方面都陷入窘迫之中。

其实,在这个时候,最好的方式就是低调一些、退让一些,哪怕你是天才,也要把你的头低下来。

大学毕业后,杨凤幸运地走进一家报社工作。杨凤本就是学中文出身,再加上她精力充沛,对于领导交代的任务,每一次她都能很出色地完成。但是她有一个毛病,那就是喜欢争强好胜,总想压别人一头。

无论走到哪里,杨凤都是一副高傲的姿态,显得自己高人一等似的。当别人的工作出现问题时,她总会用夸张的语气说道:“不会吧,那么容易的事情也会出错?”当别人指出她的方案有问题时,她第一个反应是:“那也没办法呀!因为我提出的方案通常都是最好的嘛,何况你们提不出比我更好的办法来,有什么理由指责我!”

渐渐地,同事们都不喜欢和杨凤一起工作了,有些老员工开始讥讽杨凤:“这刚来几天啊,她就开始在公司耍大牌,当是在自己家里呀,真是不知天高地厚”。后来领导找杨凤谈话:“你还年轻,有了成绩不能骄傲啊,否则就会犯大错……”尽管语气很委婉,但杨凤心里还是不是滋味儿。

一段时间后,公司组织全体工作人员进行互相评价的活动,并决定提拔得分最高者为新主管。杨凤的得分最低,她心里很不平衡:“我能力很出众，做事尽职尽责，可为什么他们对我的评价却这样差?”

故事中的杨凤就是太争强好胜、事事自以为是、处处想压人一头的典型表现，别人受了几次难堪后，谁还愿听她夸耀的言论?只会对她敬而远之、嗤之以鼻、群起而攻之，所以你一定要引以为戒。

当遇到任何事情的时候，你都没有必要和别人一比高下，而应该留一步、让三分。适当地谦让他人，总是很容易得到他人的认同、赢得他人的帮助与支持。

刘文和子桥是多年的同窗好友，他们学业有成以后到了同一家单位上班。

有一次，公司有一个营销主管的位子空了下来，公司里的人都知道那个位子是个肥缺，经过层层竞选，刘文和子桥最终胜出。但是只能由一个人担任那个职务，想来想去，为了友谊，刘文决定把这个肥缺主动让给子桥，自己甘心做职员。子桥对刘文非常感激，因此他在经济上经常帮助刘文。

而刘文也很有能力，他虽然在平淡的职位上做着平淡的工作，但是这才能让他有机会发展他的业余才能，那就是写作。他一闲下来就写文章，有些还被报社发表，这让他信心倍增，于是他坚持写作，最终成为一名非常有名气的作家，刘文和子桥二人也因为刘文的主动退让，而让二人的友谊更加深厚了。

正是由于刘文的主动退让，才使他与子桥的友谊更加深厚，也让他自己有机会成为一位小有名气的作家。虽然刘文退了一步，主动把营销主管的肥缺让给了子桥，可实际上他是往前跨进了一大步，他不仅让子桥对他心存感激，而且还获得了事业上的成功。

试想一下，如果刘文不主动退让，二人都争强好胜，一心想压住对方，那么，肯定会为了这个肥缺而明争暗斗、势如水火，结果会是什么样呢?无论谁坐上那个位置，他们的友谊也将不复存在。

生活有时就是这样，如果你刻意追求，追求得太迫切、太执拗，大多时候会一无所得，只能徒增烦恼。相反，如果你适当地对别人做出一些让步，有时候比总是为了争强好胜而撞破头更加有效。

★ 穗鳍鱼 ★

想不被迷惑，就要禁得住诱惑

【动物故事】

穗鳍鱼是一种生活在深海中的鱼，它们的日子过得很清闲，不必每天为了捕食而四处奔波，因为它们背鳍骨线的形状富有变化，仿佛是好多根钓竿。每根“钓竿”的尖端都长有一小块穗子——“肉饵”，均能闪出荧光来。

小鱼和小虾都有趋旋光性，它们抵挡不住光的诱惑，因此总会飞蛾扑火、自投罗网，而穗鳍鱼只要待在那里好好地享受美食就行了。

穗鳍鱼以为只有自己会“引诱术”，直到它遇到了瞻星鱼，才知道山外有山。瞻星鱼也生活在水底，是一种极其凶猛的鱼，它能把自身下嘴唇的奇特红色突起物从嘴里伸出去老远，以此来探测周围的风吹草动。它的身型很修长，因此下唇突起物在海中沙底上的活动姿态就像是一条小虫，而这种小虫似的新鲜东西让许多贪嘴的小鱼都竞相抢吃。结果可想而知，那些馋嘴贪食的小鱼都成了它的“盘中餐”、“口中食”。

【动物启示录】

五光十色的世界里充满了太多的诱惑，金钱、权势、美色，等等，如果把持不住自己，就可能成为欲望的奴隶而丧失自我。任何人都无法让诱惑消失，但你能够做的就是认清现实，坚持自己的原则，不在诱惑面前屈服。

清朝人吕坤说，世界上最害人的就是对“多”和“美”的贪求。的确如此，美食、美色、名车、豪宅等对人的确具有诱惑力，但是这些东西也容易将人推向欲望的深渊，让人痛苦不已。

一位漂亮的姑娘和一个家境并不富裕的小伙子结婚了，小伙子家里固然较困难，但是对姑娘却很好。他们婚后的生活并不富裕，但是还算过得幸福。

但是，有一天，这位姑娘认识了一位据说很是富有的年轻人，他不仅长得帅气，而且还很富有。两人交往一段时间后，姑娘完全被这位年轻人的甜言蜜语迷惑了。

后来，这位年轻人对姑娘说道：“我们俩这样背着人相会，太不自由了，不如我们离开这里，到其他地方去建立属于我们自己的家。”

姑娘很快答应了，她觉得以她自己的条件应该嫁给像小伙子这样帅气、富有的男人才对，于是，她就趁丈夫不在身边时将家里所有的东西都拿走，到港口与年轻人会合。年轻人说道：“我不想让你跟着我受苦，你可以先把东西给我，等我到那边安顿好了，就一定回来接你。”姑娘听信了对方的话，把身上所有的财物都给了对方，自己则待在港口傻傻地等。

令她没想到的是，一天、两天、一个月过去了，年轻人仍旧一点儿音信也没有。这个姑娘在外面又饿又冷，但是又不敢回家。

有一天，姑娘无聊地走在街上，看到一只大狗衔着一只鸟从她面前跑过去，那只鸟还在奋力挣扎。谁知那只狗跑到水边，看到水中有一条鱼，就将口中的鸟放下，立即去河中咬鱼，结果鱼游走了，鸟也飞走了。

姑娘看到后忍不住笑着说：“你这只狗真傻，已有一只这么好的鸟，居然放弃而去咬鱼，结果鸟和鱼都得不到，真是傻啊！”那只大狗突然回头对她说："我的傻只不过让我挨一顿饿；而你的傻，却误了你一生！"

此时，这个愚痴的姑娘才如梦初醒，懊悔地自语道："我居然为了那种人放弃原本爱我的人，毁了我一生的幸福，这难道不是自己的贪欲之心害的吗？"

这个世界有太多的诱惑，只要你稍微不注意，就会被俘虏，就会做错事。面对诱惑，很少有人能把持得住。所以，想要摆脱诱惑的最好办法就是主动远离这些诱惑。

某家知名大公司欲用高薪为总经理雇用一名司机，应聘者近千人，经过层层筛选和考试后，剩下了3名技术最优秀的竞争者。

由于他们在技术上不相上下，无法分高低，所以主考官决定用另一种考试来分出胜负。

主考官问他们："悬崖边有块金子，你们开着车去拿，觉得距离悬崖多近时不会掉下悬崖呢？"

"1公尺。"第一位脱口而出。

"我觉得还是半公尺比较合适。"第二位小心谨慎地回答道。

"我会尽快地远离那个悬崖，越快越好。"第三位说道。

结果第三个人被录取了。

每个人内心都有贪念，要想自己不被诱惑控制住，只有远离诱惑。千万不要和诱惑较劲儿，只有远离诱惑，才能拥有轻松、快乐的人生。

★袋鼠★

起跳前为自己积蓄足够的能量

【动物故事】

袋鼠是动物中的长跑冠军，它们一直生活在澳大利亚的草原上。它们前肢短小，后肢粗大有力，尾巴也十分粗大，能支撑它们的身体。

雌袋鼠的腹部有皮质的育儿袋，当小袋鼠降世之后，育儿袋就成了小袋鼠的温室。尽管它们每天拖着一个育儿袋，显得大腹便便，但它们每小时还能跑60公里，一跳即可达到13.6米。

关于袋鼠，体育界至今还流传着一个与之相关的故事。一个叫做舍利尔的短跑运动员经常到草原上去观察袋鼠奔跑的动作和技巧，最后他发现，袋鼠在起跑前总是向下屈伸，将腹部接近地面，然后再用强有力的后腿使劲一蹬，就这样飞纵了起来。

发现了这一规律之后，舍利尔不断模仿与探索，最后发明了蹲踞式起跑。从此，他的短跑成绩迅速提高，在1896年的奥运会上打破了当时的世界纪录。随后，他的蹲踞式起跑成了短跑运动起跑的标准姿势。后来，人们又受此启发，使用了助跑器，从而改写了田径运动的历史。而这一切都得益于袋鼠的启发。

【动物启示录】

不难想象，袋鼠屈下身体起跳，实际上是在为奔跑蓄积能量。俗话说："人往高处走，水往低处流。"每个人的内心深处都有一种向上的渴求，盼望自己有朝一日能够“跳跃”、突破现状,获得更好的发展。

但是,有时候,如果你不懂得后退的话,就无法实现“跳跃”。这个时候,你就要先积蓄足够的知识和资本。因此,在做人做事时要记住一点:目标要高、“起跳”要低,即凡事都从最基本的步骤开始做起,保持低调。

说到这里,可能有些人会提出质疑,因为在他们看来,保持低调会被人忽略,而且要“跳跃”就不能够低调。实际上,这是一种错误的认识。我们知道,职场中充满了竞争,如果你将自己即将晋升的消息公布于众,那么最后一定会成为众矢之的,让别人对你敬而远之,甚至还会遭人算计。本来你可以“跳”得很高,但因为“起跳”时不懂得弯下身子,就可能会使自己错失良机,是非常可惜的。

刘晓恒是个敢说敢干的小伙子,大学刚毕业后他就去了深圳,干了几份工作后,自己又开了一家中等规模的公司,也曾风光过一段时间,后来因为种种原因而导致公司倒闭,只能又跑出去为他人打工。

凭着自己的精明强干,他很快就在一家广告公司找到了新工作。刘晓恒之所以选择了这家公司,一方面是为了生活,另一方面是看准了广告行业的发展,想偷学几招,摸清门路之后自己单干。可惜,他的如意算盘打得太早了。

刚来到公司一个星期,他就发现老板似乎对他处处设防,而且话语中偶尔夹枪带棒。刘晓恒暗忖:难道老板看出了自己的“私心”?思来想去,最后他终于明白了。

原来,刘晓恒刚来应聘的时候,老板问他以前干过什么工作,他就把自己的“辉煌史”搬了出来,并对自己当老板的经历大发感慨。他忘了,老板也是经历过风风雨雨、一路打拼过来的,怎么可能听不出他的弦外之音?所以,他从一开始就对刘晓恒“另眼相看”,再加上刘晓恒经常对公司的那些职员陈述自己做老板的辉煌经历,令其他的员工都感叹自己再怎么努力还是不如自己当老板，这话传到老板的耳朵中，令老板大为恼火。

在公司待了一个月，刘晓恒就感觉来自老板的压力越来越大，他知道老板在暗示他走人。就这样，刘晓恒没有“偷学”到什么本事，只能够自动提出辞职，又开始重新找工作。

刘晓恒的经历可能不是每个年轻人都有过的，但他这种做事的态度和方法却是诸多人都有的。渴望拥有自己的事业固然是件好事，那些最终取得卓越成就的企业家、经理人，一开始都是从别人的公司里一步步地走出来的，只是在他们学习的过程中都保持了低的姿态。

刘晓恒的经历提醒了那些想要干一番大事业的人，就要多学学袋鼠的“蹲踞式”起跑，一定可以给你免去不必要的麻烦。同时，如果你能时刻保持“弯腰低头”的姿态，会让你积蓄更多的能量，让你厚积薄发，最终取得成功。

★ 长尾叶猴 ★

把善意的谎言说得很美

【动物故事】

不久之前，一只美丽温和的长尾叶猴怀孕了，可还没来得及庆祝一番，不幸的事情发生了——老猴王去世了。老猴王是它腹中胎儿的父亲，如今它的王位被他人取代，这就意味着它的孩子可能性命不保。

在长尾叶猴的世界里，新猴王当上首领后，都会毫不怜悯地杀死老猴王留下的所有幼猴，目的是为了能够更快地得到自己的子孙。因为母猴在哺乳期一般都不再繁殖，杀死幼猴就能够促使母猴更快地进入繁殖期，为新首领生儿育女。

母猴不想看到自己的孩子被杀死，就制造了一场骗局，它假装自己已经发情，与新上台的猴王进行交配。交配几次后，它便声称自己已经怀上了新猴王的孩子，新猴王沉浸在喜悦中，没有丝毫的疑心。母猴心里的那块大石头终于落了地，它知道自己的小生命保住了。

【动物启示录】

我们很小就被教导：办事要规规矩矩、为人要堂堂正正。其中一点就是不能撒谎。但是在现实社会中，我们才发现，一个总说真话的人往往很难得到别人的欢迎，而那些把谎话说得天花乱坠的人却人气暴涨。面对这样的现实，人们开始思索：说谎好，还是不说谎好呢？

其实，母猴为了保护自己的孩子而骗过猴王的故事已经启示我们，为人处世既要有原则，又要保持自己的适当灵活性，这是原则中的原则。反对说假话，不等于在任何时候都不说假话。

在生活中，常能碰到一些善意而美丽的谎言，这些谎言构成了人生的另一种风景。它丰富了人们的生活情趣，和谐了人际关系，使生活更愉快和美满。更重要的是，有些时候，你不能不说谎。在一些非常时期，只有说谎，才会使生活更加圆满。

《最后一片叶子》是美国作家欧·亨利的一篇短篇小说，它的故事是这样的：

在某医院的一个病房里，身患重病的病人房门外有一棵树，树叶被秋风一吹，一片一片地掉落下来，病人看着落叶萧萧、凄风苦雨，身体也随之每况愈下，一天不如一天。她想：当树叶全部掉完时，我也就要死了。一位老画家得知后，被这种悲情深深地打动了，他用画的树叶装饰树枝，使那位濒临死亡的女病人坚强地活了下来。

在我们的生活中，也不乏这样的事例，作为医生，面对一个生命垂危的病症患者，经常会宽慰他说：“只要你配合治疗，很快就会康复。”而几乎没有一个医生会对病人说：“你根本没有希望了，很快就会死。”同样，作为病人亲友的人在去探望病人时，即使知道他活不了几天了，也会与医生配合，把谎言继续下去，让病人满怀信心地接受治疗。生命本身有时是会创造奇迹的，即使没有奇迹出现，让病人充满希望地多活两天也是一种人道主义精神的表现。

人，总是要面对生活的。生活中，真实是重要的，真诚更加重要，这对人生、社会无疑是有更大的价值。然而，我们所处的社会是纷繁复杂的，大家都是凡人，都期望能出人头地。每个人心中都有这样或那样的期望和念头，不加选择、不分对象、不分场合地把什么都和盘托出，只会被人当成“傻子”来看，只有把握一定的原则，把握好其中的分寸，并在适当的时候说一些必要的谎话，你才会成为一个受人欢迎的人。

★ 非洲野驴 ★

“愚蠢”是大智若愚者的高招

【动物故事】

在非洲埃塞俄比亚沙漠地区，每当月上中天的时候即是豹子横行无忌的时刻。在皎洁月光的照耀下，豹子开始在沙漠中悄无声息地逡巡。忽然间，一阵热风吹过，以豹子敏感的鼻息，好似嗅到了野驴的气味，可是荒漠里有成千上万个黑影，几十米就有一个，到底哪一个是呢？豹子的担忧不是多余的，它的确很难找到野驴。

野驴非常害怕夜晚的到来，因为一不留神就会遭到豹子的袭击。为此，它们早有准备。在天黑之前，野驴们就会化整为零，各自寻找憩息地。当夜幕降临时，这些单个的野驴看似一丛孤零零的灌木，或更像一块岩石。野驴就这样和夜间觅食的猛兽们玩起了“捉迷藏”的游戏，所以豹子很难捕到它们。

当太阳从东方升起来的时候，野驴又聚集到一块儿，因为它们又要开始对付鬣狗的进攻了。进攻开始了，驴群迅速围成一个圈。强壮的驴子把脑袋朝里，屁股朝外，瘦弱和幼小的驴子就藏在中间。如果鬣狗胆敢靠近防线，驴子就会飞起后蹄向目标踢去，一旦被踢中，就算不死，也再没有还手之力了。

【动物启示录】

人们一直认为驴是一种不聪明的动物，而且还为之取了一个不雅的绰号——“蠢驴”，并以此用来羞辱他人。驴真有那么愚蠢吗？答案显而易见，“蠢”不过是人类对它们的蔑称。它们貌似“愚蠢”，可实际上却充满了生存的智慧。

野驴选择在夜晚单独行动，不易引起敌人的注意；白天则选择集体行动，团结起来一致对外。野驴对付敌害的办法很灵活，根据环境和情况采用不同的战术，最大限度地保护自己。其实，做人做事也该如此，不能过于死板，灵活变通才是最好的为人处世之道。而野驴最为聪明的地方，就是巧妙地隐藏了自己的智慧，这种大智若愚的机智又有几人能够做到呢？

与自然社会相比，人始终是渺小的。世界充满了无穷的未知，人的所知都是有限的，这就决定了人不能够自恃聪明、傲视一切。然而，有些人却常常自以为是，处处显露精明、玩弄手段，他们以为这样能够得到更多的实惠，却不知道这是个致命的错误。真正聪明的人总是勇于承认自己是无知的，而这其实就是一种大智若愚的处世策略。

“古今得祸，精明人十居其九。”杨修恃才放旷，最终招致杀身之祸。他的才华在大智者看来，其实只是小聪明。大智者虽心里明白而不随便表露出来，决不是表现得比别人聪明。如果杨修知道他的聪明会给他带来灾祸，他还会要小聪明吗？所以他的愚蠢之处就在于他不知道自己的聪明一定会招来灾祸。这样的人聪明吗？显然不是。

多年来，曹操一直都不太喜欢杨修，但他却没有意识到，一再在对方面前要弄自己的小聪明。如果他能迎合曹操不表现他的聪明，或适时、适地、适量地表现才能，那么他很可能会成功。人们也许会说，杨修之死，关键在于曹操的聪明和他的多疑。但是换做其他人，恐怕也不愿意让部下知道他的全部心思、他的用意吧？显然杨修最终落得了不好的下场。这可算是“聪明反被聪明误”的典型。

生活中，像杨修这样的人很多，他们渴望别人认可自己的聪明，并努力展示自己的聪明，试图得到他人的赞赏。殊不知，树大招风，这种显露容易给自己引来祸患；另外，人在高兴的时候很容易放松警惕，这就很可能掉进别人的圈套，最终任人摆布。由此可见，装傻也是一门学问，但这不是说傻人有傻福，而是说要傻在明处、聪明在暗处，这是智者都深谙的为人处世之道。

★ 金鱼 ★

既然改变不了环境,那就努力适应它

【动物故事】

金鱼是鲫鱼的变种,它的祖先就是野生的银灰色的鲫鱼。也不知道从什么时候开始,哪条鲫鱼想换个活法、想活得精彩些,于是它率先努力,以愚公移山般的精神把后代演变成了现在的金鱼。

金鱼原来只有红色和黄色,现在已有好多种颜色。

金鱼是杂食性鱼类,比较好养,它一般最长可活 25 年。金鱼可用池养,也可以用鱼缸来养。如果你把一条金鱼放在池里养,金鱼会长得越来越像鲫鱼的样子,头小,身躯长而扁,鳍短而硬。如果你把池里的金鱼捞出放入鱼缸里,它会随着空间的变小而改变自己的形态。用不了多长时间,长而扁的身体就会变得短而圆,鳍也会变得长而软。

【动物启示录】

不管在哪里,不管环境怎么样,只要有水,金鱼就会活出自己的精彩。现在有很多人总是埋怨自己的生活环境很差,究其原因,就是他们不能够适应它。

"这明明是他的工作,他请假了就让我代劳"、"我看,经理就是看我不顺眼"、"那个客户一直不同意我做的方案,烦死了"……工作中,总会有很多的"别人"令我们心生郁闷,导致我们产生郁闷的原因可能是他们无法与你建立融洽的关系,也可能是他们不欣赏你,或是他们不喜欢你、不重视你，甚至给你带来了“麻烦”。

于是，有人便终日将这些“别人”挂在嘴边，说他们的种种不是。可是，抱怨了半天，“别人”既没有消失，也没有让他们的日子变得“好过”，最终受伤的还是他们自己。

其实，这个世界上有很多事情是我们无法控制的，要想活得快乐，我们就必须努力去适应它。

有个年轻的农夫划着小船给另一个村庄的人运送自家的果子。那一天，烈日当空，农夫被太阳晒得汗流浃背、苦不堪言。他用力地划着小船，希望早一点儿把东西送过去，这样就能在天黑之前赶回家了。

可是，划着划着，农夫发现前面有一只小船正在沿河而下，朝着自己的船快速驶来。眼看着两条船就要撞上了，可那条船却丝毫没有避让的意思，那个架势就好像故意要撞翻农夫的船一样。

农夫有点儿生气，他大声地冲着对面的船吼叫：“让开，让开，你这个白痴！再不让开你就撞上我了！”农夫的吼叫没起到任何作用，见此情形，他才手忙脚乱地试图让开水道。可惜，来不及了，那只船重重地撞在了他的船上，农夫这下子被彻底激怒了，他厉声斥责道：“你到底会不会驾船？这么宽的河面你不走，偏偏往我的船上撞？”正当农夫怒目斜视对方的小船时，他傻眼了。

原来，那只小船上一个人也没有，听他大呼小叫、厉声斥骂的只不过是一只挣脱了绳索、顺河漂流的空船。

河面就如同职场，抱怨的人就如同那个农夫，当你在责难、怒吼的时候，你的听众或许就是一只空船，而那些惹怒你的人也绝对不会因为你的大吼大叫而改变他的航向。

在生活中，人与人本身是不同的，两个人的意见难免会有不同。让你做出改变，并非是鼓动你去讨好谁，也没有必要非和他达成一致，甚至你继续厌烦他也没什么大不了。但是,你要明白一点:你无须将别人制造的麻烦转变成为自己的烦恼。不管你有多么愤怒,他也不会因此而失眠。如果你因为他的过错而使自己陷入烦恼之中,那么,你会是唯一的受害者。

美国成功哲学演说家兼心灵大师金·洛恩说:“快乐不是追求得来的,而是你适应他人之后,主动吸引而来的。”在生活中,如果你适时地接受周围的一切,你会发现,那些令你感到“厌烦”的人并没有那么讨厌,而你的工作也可能从此变得一帆风顺。这也就是说,在生活中,羁绊和束缚我们的不是别人,而是自己的内心。

20 世纪 30 年代,日本某公司有一个矮小的保险推销员,他的业绩很差,因此收入也少得可怜。

有一天,他到一所寺庙向一位老僧人推销保险,不间断地说投保的种种好处。可是,老僧人听完他的话后无动于衷,只是说:“小伙子,你说了这么多,可我一点儿兴趣也没有啊!”于是,他满腔的热情就被这一句不痛不痒的话浇灭了。

老僧人注视着他,缓缓地说:“你想向人推销东西,就要有一种强烈的吸引力才行,否则的话,你做推销是没有前途的。”看着满脸通红的年轻人,老僧人说,“小伙子,你还是先改造自己吧!”

离开寺庙之后,老僧人的话一直在他的脑海中回荡。他觉得,那些话虽然不中听,但不无道理。于是,他就决定改造自己。为了改造自己,他在公司里组织了一个专门针对自己的“批评会”,每月一次,每次都会请 5 个同事或者投了保的客户一起过来,然后让他们指出自己身上的毛病。虽然他的生活很拮据,可就算是典当衣物,他也坚持这样做。当众被人批评的感觉不好受,每一次的“批判会”都让他有一种被人剥皮抽筋的感觉,可是他都默默地忍受着,并将那些逆耳的忠言都记录下来,时常进行反省。

慢慢地,他身上的毛病减少了,为人处世也变得成熟起来,他的努力最终得到了回报。1939年，他凭借一个惊人的销售数字而成为全日本有名的推销员。从1948年开始，他连续15年保持日本业界第一的非凡成就。

说到这里，你可能已经知道了他的名字。没错，他就是闻名世界的推销大师原一平。

由此可见，想要早日获得成功，只要记住一句话：有时候，既然你没有能力改变环境，那就要努力调整自己去适应环境。

★ 狮子 ★

审时度势，随机应变

【动物故事】

一天，一只狮子发现了一个羚羊群。狮子悄悄地盯着猎物，把身子压得很低，在草丛中小心翼翼地前行。突然，羚羊们停止了吃草，抬头四处张望，狮子知道它们可能察觉到了敌情。

这时候，狮子屏气凝神，一动不动，羚羊果然放松了警惕，又开始低头吃草，这时候狮子继续跟踪，还小跑了几步，缩短了自己与羚羊之间的距离，达到了有效的捕杀距离后，狮子突然跃起，向其中的一只体型较小的羚羊扑了过去。

对付羚羊这种体型较小的动物，狮子总会采用这样的方法：先用前爪猛击对方，把猎物打倒在地，接着咬断它们的喉咙。不过，狮子知道，这一招不是什么时候都灵验的。

多年的捕食经验告诉狮子：对于不同的猎物要用不同的策略。如果它刚刚碰到的不是羚羊，而是中等体型的动物，那它就会用两只前爪抓住它们，然后用力地拖或拉，让它摔倒，再用前爪扼住它的喉咙。若碰到的是野牛，那它就得招呼同伴们一起行动了。它们会有一个先到前面咬住猎物的口鼻，令它窒息，而另一个则在猎物的肛门处下口给猎物造成重创。在这样的进攻下，猎物必死无疑。

【动物启示录】

狮子就是这样，根据不同的猎物采用恰当的捕食策略，出其不意、克敌制胜。面对弱小的动物，它们也不会轻举妄动，而是做好一切准备，保证一击成功；面对大的猎物，它们不会冒险独自行动，而是考虑团结合作，既能保护自己，又能够成功地制伏猎物。其实，做人做事也该如此，面对复杂的生存环境，也该学会根据不同的情况采用不同的解决策略。

做人做事要懂得审时度势，针对不同的人采取不同的处世态度。世间万物都在不断地变化中，如果不懂得见机行事、随机应变，随着事物、主观条件和客观条件的变化而灵活地作出不同选择，那你很可能就会错失良机。只有分清不同的场合，把握住最有利的条件和机会，选择最恰当的方式，才能够获得成功。

严颜原本是刘璋属下的巴郡太守，刘备进入益州之后，他据守巴郡，始终不肯投降。张飞曾经派一名武士前去说服严颜，不料武士却被严颜割下了耳鼻。后来，张飞使计谋诱擒了严颜，但其宁死不屈，并且大声喊：“是你们不守信义，侵夺我州。我州只有断头将军，而没有投降将军！”看到严颜拒不投降，张飞勃然大怒，并喝令将严颜斩首。到了生死关头，严颜依旧面不改色。见此情形，张飞并没有杀严颜，反倒亲自为严颜解开了绳索，并请他上座，说自己佩服严颜的胆量。结果，严颜对张飞的恩义深表感激，并决定归附刘备。后来，严颜和黄忠镇守葭萌关，在天荡山大败张郃，此后两人又屡次合作立下不朽战功，成为刘备手下默契十足的两员猛将。

众所周知，张飞性情暴躁，但他能够成功说服严颜，关键在于懂得见机行事、随机应变。如果当时张飞听了严颜的那句“砍头就砍头，还发什么怒”的话之后立即将严颜处死，那结局就不是这样了。在使用了威逼恐吓的手段之后，张飞发现严颜毫不畏惧、宁死不屈，张飞心想：面对这样的人，与其施加压力，不如以情动人。转变了策略之后，严颜果真被其恩义所感动，最终成了刘备手下的一员大将。

见机行事是没有现成的规律可循的。见机的“机”有很多种，如天时、地利、人物、事件、情况、势态，等等；而行事的“行”也是千姿百态的，既可以迎难而上，也可以另找新路；既可以寻求支持，也可以顺水推舟。到底如何运用，还要依据当时的情况灵活地发挥。总之，一个人必须见机行事，才能够应付各种人和事，如果没有这样的功夫，就会被人控制。

不过，需要注意的是：灵活应变是一种顺应别人的技巧，而非态度。既然是技巧，那就需要点儿时间来掌握。你要记住根据身边的环境和情况的变化而变化，不要认死理；此外，还要开阔自己的视野，随时进行自我修正。不要觉得见机行事是使“心计”，在这个复杂的社会中，不懂得变通、活得过于真实的人总会处处碰壁，甚至还会得罪他人。反观那些不管何时何地都懂得见机行事、适时“变脸”的人，反倒更容易受到他人的青睐，也更容易取得成功。

★食蚁兽★

见好就收,永远别忘记给自己留条后路

【动物故事】

食蚁兽是一种专吃蚂蚁的哺乳动物,它们的体型大小相差比较大,小食蚁兽大似松鼠,不过350克,而大食蚁兽则重达25公斤。

食蚁兽长着厚厚的毛和一条长长的大尾巴,它没有牙齿,却有一条非常灵活管用的舌头。食蚁兽的舌头很特别,像蠕虫的形状,并且伸出来足足有60厘米长,还能分泌一些带黏性的唾液,这是一种专门为食蚂蚁而生长的舌头。

食蚁兽白天休息,晚上出来觅食。它们总能轻易地找到蚂蚁的窝,当它们开始进食时,它们会用尖锐而弯曲的前爪把蚁巢抓破一个洞,然后把舌头伸入洞中,当舌头上粘满蚂蚁后,便把它们送入口中,美餐一顿。它们不会毁掉整个蚁窝,每次只是吃掉蚁窝里的一部分蚂蚁之后就会离去,再找另外一个蚁窝。待过些日子,曾被攻击过的蚁窝恢复后,食蚁兽会再来光顾。

【动物启示录】

食蚁兽懂得给自己留一条后路,所以它从没挨过饿。人生在世,无论做任何事情都不要把所有的路都堵死,要懂得给自己留一条后路。所谓"己所不欲,勿施于人",你要想给自己留一条后路,首先就应该给别人留后路,如此自己才能有路可行。

正所谓："海不辞水，故能成其大；山不辞石，故能成其高；明主不厌人，故能成其大"。其实那些成功人士之所以能够创造出丰功伟业，并不是源于他们自身有多么强大，而在于他们给别人留了多少后路。海给水留了后路，才会成就海的广博；大山为尘土留后路，才会成就自己的高耸；明主能给别人留后路，所以才会有更多的人追随于他们而成就了他们自己，让他们的道路更为宽广。

三国时期，诸葛亮曾经7次生擒孟获，最后却放了他，让他回去。

有人认为诸葛亮很傻，费了那么大的精力才抓住了对方，最后却"放虎归山"。难道他真的傻吗？当然不是，深谙用人之道的孔明知道，要想让一个人心甘情愿地为国效力，就要让他心悦诚服地降伏。果然，在第7次擒住孟获后，他终于心甘情愿地投降认输，也为诸葛亮留下了一段佳话：凡事要给自己和别人留有余地。

正所谓厚待别人就是厚待自己，给别人留后路自己才能有路可行，因此，学着对别人宽容一点儿吧，做事给别人留一条后路，其实也就是给自己留后路，给别人留的后路越多，你的路就会越宽广，你才会有康庄大道可行，才能享受宽容带给你的幸福和快乐。

★胡狼与鬣狗★

既是敌人又是朋友

【动物故事】

深夜，胡狼与鬣狗并行向前走着，它们原本是经常相互"厮杀"的一对"冤家"。不过，这次它们两个很亲密，突然鬣狗在空中好似嗅到了什么气味，接着它轻快地转向东南方向，走进了一片更黑暗的灌木丛之中，胡狼也迈着轻捷的步伐紧跟其后。

灌木丛中，几只羚羊正在休息，还有一只羚羊在“站岗放哨”。突然间，羚羊感觉前面的灌木动了动，发现是一条身材矮小的胡狼，羚羊心里的石头落地了，它心想：“一条小胡狼能有多大的本事呢？我们身材高大，还有锋利的犄角，它决不是我们的对手。”于是，站岗的羚羊又放松了警惕。突然之间，鬣狗好像从天而降一样，一口咬住了一头还在酣睡的羚羊的脖子，羚羊当场毙命，剩下的羚羊纷纷夺路逃命，于是胡狼和鬣狗很友好地分享了这次的胜利果实。

【动物启示录】

胡狼与鬣狗平日里是“冤家”，然而，为了生存，为了能够捕捉到猎物，它们却可以放下恩怨，暂时与对手合作，这无不令人惊讶。如果能够将这一方法运用到人与人之间、企业与企业之间乃至国家与国家之间，也不失为获得双赢的良策。

丘吉尔曾说：“没有永远的敌人，只有永远的利益。”生活中，当我们与对手争得不可开交时，如果再继续争斗下去，很可能会两败俱伤。

其实，换一种角度来思考对手，也许会发现彼此间有许多共同的东西，不必为了一已私利而争得你死我活。若是能够放下前嫌、联手合作，也许能使双方获益。

福特公司和通用汽车、松下电器和日立、通用汽车和戴姆勒——克莱斯勒、通用汽车和丰田，这几对制造商的共同之处是：每一对企业都是市场上的主要对手，然而，它们同时又是合作伙伴，一起肩并肩地开发新产品，分享新理念和新技术，合作开拓市场。相反，如果它们只是一味地与竞争对手争输赢而不顾自身的利益与发展，那么必将遭到市场的惩罚。

不管是经商做生意还是为人处世，多个朋友多条路，多个仇人多堵墙，就算遇到了非常棘手的敌人，也要尽量做到只拉弓，不放箭，甚至在必要的时候反其道而行，与敌人联手合作，这样不仅能够化解恩怨，还能够多一个生活或事业上的伙伴，于人于己都能达到最佳的结局。

★ 盲鳗 ★

不要看不起小人物

【动物故事】

鲨鱼是海洋里的霸主，在大海里，它所向披靡，任何鱼类都不敢惹它，可是有个叫做盲鳗的小家伙却很有胆量。

盲鳗不会跟鲨鱼去硬碰硬，但是它却有对付鲨鱼的办法。

盲鳗长着一尺多长的油腻的身子，有很长的背和臀鳍、椭圆形像吸盘一样的嘴巴，里面镶着锐利的牙齿。当盲鳗用吸盘似的嘴吸附在鲨鱼身上时，这位残暴的君王并没有意识到危险已至。

盲鳗贴着鲨鱼的身子一点点地向它的肋边滑动，悄悄地从鳃边钻入它的体内。当鲨鱼感觉到有些难受时，盲鳗已经进入到鲨鱼的腹腔里了。

盲鳗在鲨鱼的腹腔里兴风作浪，它大口吞食着鲨鱼的内脏和肌肉，食量很大，每小时吞吃掉的东西相当于自己体重的两倍。就这样，无论如何，鲨鱼都是无法忍受的。它痛苦地在海里折腾，也无法摆脱盲鳗的利齿。用不了多久，庞大凶猛的鲨鱼就会死在这个小家伙的手中。

鲨鱼的身体里是没有阳光的，所以当盲鳗杀死鲨鱼的同时，付出的代价就是使双眼退化，变成了瞎子。

【动物启示录】

一物降一物最符合自然万物生存的规律，因此，千万不要轻视所谓的“低等的生命”，因为那些被你忽视的“小人物”可能会置庞然大物的你于死地，比如盲鳗。

“大人物”总是“稀有”的品种，在我们身边，大多数人都是普通人，然而，不要看不起这些不起眼的小人物，千万别瞧不起他们，哪怕你也是一位“大人物”。善待他们，相当于给自己种下一颗善种。

自古以来，有成就的人都是由“小人物”脱颖而出的。俗话说“三十年河东，三十年河西”，谁也不能保证他们在将来不会成功。一旦作为你的朋友的他们飞黄腾达，你的运气也就来了。所以从某种意义上说，朋友的成功也就意味着你的成功。所以，不要瞧不起任何人，现在你身边看起来很不起眼的人，很可能在将来会决定你的命运，就算是今天，有些“小人物”也会给我们带来很多意想不到的帮助，如果你不重视或者轻视他们的话，在未来就很可能置你于死地。

张小波是一名出色的销售管理人员，他为公司的产品打开国内市场立下了汗马功劳。

最近销售经理离职了，他认为销售经理一职非自己莫属。然而，他却没能得到提升。

本来，公司的董事会打算提拔他为主管销售的副总经理，但却遭到了人事部门的强烈反对，理由是：各部门对他的负面意见太多，比如，骄傲自大、跟同事经常发生矛盾、过于自我……让这样一个不懂得人际关系的人进入公司的决策层是不适合的。

看着销售部经理的职位由他人担任，张小波只好交出自己一手培育成熟的国内市场。这就好比自己亲手种下的果树结的果子被别人摘走一样，张小波非常痛苦，也非常不解，他不明白公司为什么这样对待他，他不明白自己到底错在哪里。后来，一个同情他的朋友破解了他的迷惑：他的问题是“忽视了身边的小人物”。

原来，张小波一直对公司里的出纳员小王不冷不热，明显没把她放在眼里，所以，在一次业务活动中，张小波急需要公司的汇票，可是小王却迟迟不肯汇票，这使得业务活动“泡汤”。张小波还经常在公司的老员工面前做出一副“没有我，你们都不能活”的样子，使得老员工们在工作上想尽办法拖他的后腿……

虽然张小波的工作业绩十分辉煌，但他却忽视了那些不放在眼里的“小人物”，最后伤心地离开了公司。

“小人物”不能忽视，更不要轻易得罪他们，他们可能帮不上你的忙，却能够坏你的事。如果你一不小心得罪了他们，只要他们一有机会就可能会对付你，甚至不把你置于死地就不甘心。

一般来说，“小人物”的工作能力都不是很强，所以通常有点儿自卑，他们比别人更在乎所谓的“自尊”。你无意中对他们的侵犯也许只有一丁点儿，他们却认为这是对他们极大的侮辱，继而竭尽全力对你进行报复。所以，千万别得罪小人物，不要与他们正面发生冲突，以免留下“后患”。此外，倘若能和“小人物”交朋友，那么也许就在明天，你就会得到意想不到的收获。

★孔雀★

学会低调，别把自己太当回事

【动物故事】

孔雀被视为“百鸟之王”，是吉祥、善良、美丽、华贵的象征。它们的头顶上有一个羽冠，由24根羽毛组成，而且它们的身后还拖着长达150厘米的尾羽。

孔雀实在太美丽了，所有的动物都羡慕它们的美丽，特别是孔雀开屏的时候，几乎所有的动物都在它们美丽的外表下低下头来，不过只有雄孔雀才能开屏。只要你拿一块花布在雄孔雀面前晃一晃，骄傲的雄孔雀就会展开自己的尾巴和你比美。

雄孔雀开起屏就像一把展开的折扇，展现在雌孔雀的面前。那时，雄孔雀会挺着胸脯温柔地注视着雌孔雀，踏着细碎的舞步，不时地微微抖动着展开的羽毛，它在等雌孔雀向它走来，这一等，这一开屏，常常需要10分钟。而雌孔雀却是不能开屏的，它们朴实无华，负责生育后代和对小孔雀的后天培养。

【动物启示录】

在生活中，我们总会遇到一些“爱开屏的孔雀”：自我感觉良好、不分时间和地点地炫耀人。孔雀开屏确实能吸引不少目光，可是如果不分时间、场合，动不动就把自己的优势展露出来，久而久之，必定会遭人冷落。

在职场上也是如此，你过于炫耀自己，让别人向你投去羡慕的目光，开始的时候别人可能还会看你几眼，时间长了必定会遭人厌恶。

法国哲学家罗西法古说："如果你想得到仇人，就表现得比你的朋友优越；如果你要得到朋友，就要让你的朋友表现得比你优越。"职场里更是这样，哪怕你真的是天才，真的只要给你一个支点就可以撬起一个地球，也不要在别人面前炫耀。

第一，炫耀只会让你显得很肤浅，因为真正有内涵的人是懂得韬光养晦的，这就是我们常说的"满罐子不响，半罐子咣当响"的道理。

第二，每个人都想成为办公室的这部戏里的主角，得到别人羡慕。如果你总是喜欢让别人的目光都注目着你，那么就是对其他同事自尊的一种挑战和轻视，从而让人对你产生厌恶和排斥的情绪。

在工作场合，过度地表现和张扬，以此来证明自己比别人高一等，不但对工作没有任何帮助，反而会为自己招致排挤。为了让自己的工作更顺利，为了让自己在职场中的人际关系更和谐，为了让自己的职场之路更加通畅，学会以下两种为人处世的方法很有必要。

1.尽量满足别人的表现欲，而对自己的成绩轻描淡写。人都有希望自己被人注视的心理，但又不希望别人在自己面前表现。在这种情况下，你不妨韬光养晦，让别人表现个够。

2.放低姿态，让大家觉得你是一个平和、谦逊、圆融和忍让的人。低调在很多时候是保全自己的一种智慧。

在秦始皇陵中，科学家发现各种陶俑1000多尊，除一尊跪射俑外，皆有不同程度的损坏，需要人工修复，而这尊跪射俑是保存最完整和唯一一尊未经人工修复的兵马俑，仔细观察，就连衣纹、发丝都清晰可见，从而使这尊跪射俑成为秦始皇陵兵马俑博物馆的"镇馆之宝"，跪射俑前总是会有许多观赏者驻足，游客在为跪射俑的姿态和寓意而感叹的同时，也为它能完整无缺地保存下来而惊奇不已。

跪射俑为何能保存得如此完整？这就在于它的低姿态。首先，跪射俑身高只有1.2米，而普通立姿兵马俑的身高都在1.8米至1.97米之间。天塌下来有高个子顶着，兵马俑坑都是地下坑道式土木结构建筑，当棚顶塌陷、土木俱下时，高大的立姿俑首当其冲，而低姿的跪射俑受的损害就小一些。

其次，跪射俑呈蹲跪姿，其右膝、右足、左足3个支点呈等腰三角形支撑着上体，重心在下，增强了稳定性，与两足站立的立姿俑相比，更不容易因倾倒而破碎。因此，在经历了两千多年的岁月风霜后，它依然能完整地呈现在我们面前。

先保全自己而最终成全自己，这就是一种智慧。在工作和生活中，我们不妨学学跪射俑的处世智慧，放低姿态，莫因逞一时之能而丧失了同事的帮助和支持，使自己陷入冲突之中。

★燕千鸟★

帮助别人就是帮助自己

【动物故事】

有一种鸟叫燕千鸟，是生活在非洲的一种体形非常小的鸟，它有着细长的嘴巴，还和鳄鱼是最好的朋友，被人们称为“鳄鸟”。

人们一定很奇怪，鳄鱼可是河里最残暴的食肉性动物，怎么会和这么小的动物做朋友呢？更加奇怪的是，燕千鸟经常会钻进鳄鱼的嘴巴里面去，难道它们就不怕鳄鱼把它们吃掉吗？

原来，鳄鱼吃食物时，经常会被食物塞住牙，它需要燕千鸟进入它的嘴巴里，把它牙齿间的食物清理掉。就这样，鳄鱼得到了舒适的感觉，燕千鸟也得到了食物，它们的友谊完全是建立在各取所需上。

对于鳄鱼来讲，吃掉一只小小的燕千鸟，又能解决什么问题呢？让它做自己的牙匠，这可比吃它还要舒服得多。除了给鳄鱼当“牙医”之外，燕千鸟还在鳄鱼栖居地垒窝筑巢、生儿育女，好像在为鳄鱼站岗、放哨。只要敌人在四周稍有动静，它们就会警觉地一哄而散。这样，鳄鱼就有足够的时间做好准备迎击来敌。

【动物启示录】

燕千鸟是一种很小的动物，如果它靠自己的力量去获得食物的话，根本就是难于上天。可它当了鳄鱼的牙医，当鳄鱼饱餐一顿后，它也能美美地吃上一顿。

有人说：“让自己获得更多朋友的唯一方法就是去帮助别人，帮助别人答疑解惑也会丰富自己的知识；帮助别人扫去门前雪，自己的路就会更宽广、更平坦；帮助别人摆脱人生的困难，当自己遇到困难的时候，就会有人帮助你。”

的确，生活就像一面镜子，你对它笑，它就会对你笑；你对它哭，它就会对你哭。在生活中，帮助别人是获得朋友的最好方法，只有帮助了别人，自己的路才会越来越宽广，帮助别人等于成就自己。

一次，维多利亚女王要外出办一些事情，她和几百位乘客乘坐着一列火车，火车在夜雾中驶向伦敦。突然，火车司机看见路边有一个黑影急速挥动着双臂，他立即请助手将这一情况汇报给女王。

女王虽然很着急回家，但她看了看窗外，毫不犹豫地对助手说：“现在这么晚了，天气又很糟糕，那人一定是有急事要求助，你去请司机停车，然后你再下车去看看那个人遇到了什么困难，看看我们是否能够帮助他。”

火车停稳后，助手急忙下了车，却不见刚刚挥手的那个人。他继续往前走，大吃一惊，居然发现前方的桥梁被水冲塌了，而火车前灯的玻璃罩外有一只大飞蛾已经僵死，而且双翅还伸展着。

原来，在火车快要行驶到断桥的前几分钟，那只大飞蛾冲向车灯，落在了灯罩上，受伤的翅膀仍不断地舞动，垂死挣扎，从司机的视角看去，很像是有个人在挥动着双臂。不过，大家躲过了这场灾祸。

送人玫瑰，手有余香。帮助别人，常常也是在帮助自己。正是因为维多利亚女王让司机停了火车，让助手去寻找“晃臂求助”的人，最终使得大家躲过了这场灾祸。如果女王默然视之、不予理睬，司机就不会停车，大家很可能会遇难。

富兰克林曾经说过：“要想让别人对你好，你必须对别人好，其实你在对别人好的同时，就是在对自己好；当你为别人着想的同时也在为自己着想；当你在救助别人的同时也是在救助自己。”

在与人交往的过程中，学着主动帮助别人吧。只有首先舍得一己之私而帮助别人，你才能得到别人的帮助。你在帮助别人的时候，自己不仅没有受到损失，而且还得到了朋友、赢得了友谊，何乐而不为呢？

★ 牙签鸟和鳄鱼 ★

团结互助，实现双赢

【动物故事】

在动物世界中，牙签鸟和鳄鱼是一对奇怪的伙伴。鳄鱼生性凶残，却能容忍牙签鸟在自己口中取食。牙签鸟虽然体积较小、弱不禁风，却敢跳入鳄鱼的血盆大口中取食。

每当凶猛的鳄鱼饱餐一顿后，就会在河岸边闭目养神，享受阳光浴。这时，就会飞来许多牙签鸟，它们在鳄鱼的背部翻转盘旋，好像在与鳄鱼亲切交流，又好像是在达成某种协议。不一会儿，鳄鱼被太阳晒得酣然入睡，牙签鸟便毫不客气地拍打着翅膀，然后惊醒睡梦中的鳄鱼，鳄鱼则一反常态地张开大嘴，让牙签鸟飞到自己的口腔，去啄食自己牙缝中的残食剩饭。而牙签鸟也毫不客气地将嵌在鳄鱼牙缝中的鱼、青蛙、田螺等肉屑一一啄食。

被牙签鸟伺候得十分舒坦的鳄鱼有时候则会情不自禁地闭上大嘴，这时在虎口取食的牙签鸟自然令人担忧，好在它们也有解脱的办法。牙签鸟只要用坚硬的喙轻轻碰刺鳄鱼松软的口腔，鳄鱼就会乖乖张开大嘴，让这些鸟儿继续工作或离开。

在这样的合作关系下，牙签鸟和鳄鱼友好相处，成为了忠实的朋友。

【动物启示录】

人类不免要思索，为什么鳄鱼对待一般的小动物都极其凶恶残忍，而对牙签鸟却是那样的仁慈和谦和呢？其实，这是动物界的一种合作双赢的关系。

牙签鸟是一种非常机智敏感的鸟类，没有它们的帮助，鳄鱼的牙齿恐怕早就会被烂肉腐蚀掉。除此之外，牙签鸟对于鳄鱼还有更多的益处，比如它在啄食鳄鱼牙缝中的残食时会格外警惕周围的一切，一旦发现敌情便惊叫几声，好像在为鳄鱼报警，而鳄鱼得到警报后便立刻潜入水底加以躲避。牙签鸟在饱餐的同时还充当着鳄鱼的牙医和警卫员，对于这样的益友，鳄鱼当然愿意结交。可以说，牙签鸟和鳄鱼是动物世界中一种典型的互利共生的双赢关系。

在人类社会中，合作与双赢自古以来就不稀奇，到了现代社会，更加成为时代主题。一个人或一个团体，无论做什么事情或想要达成什么目的，首先要考虑的就是是否能在这件事上实现自己的利益。其实将心比心，如果我们能在满足自己的目标以前率先考虑一下别人的利益，从而互相帮助、互相合作，那么不但能弥补自身不足，还能多快好省地实现双赢。

利益其实就像一个圆，不同的圆之间总能找到相切的地方，在日常工作和生活中，如果你能善于发现这些共同利益点，就能实现互惠互利，从而达到“双赢”。比如，你是一位商人，在你对顾客提供商品服务时，顾客首先按照自己的需求进行购买。如果这时你只想“杀鸡取卵”，以此来捞一笔，那么顾客只可能上你一次当，以后大概就不会再光顾你。而如果你在一开始就本着合理公平的原则向顾客提供等价或优质服务，那么顾客一定还会再次光顾你，并有可能带来更多的顾客。我赚你的钱，你买我的东西，当这种关系达成一种长期协议后，这就成为了一种互惠互利的双赢关系。

双赢一定是基于一种团结互助的双向行为。你在赚取顾客钱财的同时还要向顾客提供等价的服务，否则工商关系无法形成，你的生意也便做不起来。鳄鱼与牙签鸟之所以能够互惠互利，正是因为它们彼此找到了相切的利益共同体，否则凶残的鳄鱼不会容忍一个小鸟在自己的嘴巴里放肆，而牙签鸟也不会糊涂到把自己往虎口中送。

★ 蚂蚁 ★

有效沟通的典范

【动物故事】

一个烈日炎炎的午后，一只蚂蚁被太阳晒得有些焦躁不安，它不断地碰触某个阻挡在它面前的东西，然后又绕过去，像是在寻找遗失了的东西，又像是漫无目的地耗费时光。

这次，它发现了一个有价值的东西。经过几次反复确认，蚂蚁确定这是一块面包渣。在人类眼中，这块小得可怜的渣末都不能算作一种“食物”，然而对蚂蚁来说却是件大物件。

蚂蚁显得有些兴奋，爬行的速度明显变快了，它不停地围绕面包屑转圈，时而沿着缝隙爬向面包渣的内部，时而又用头顶上的钳子夹住面包屑的一角，试图将其搬起。最后，它急匆匆地离开了。

如果你认为蚂蚁就此放弃这块食物，那就错了，它是去搬救兵。蚂蚁按照来时的原路返回，一路上，它拦截了所有游荡在外的同伴，然后交头接耳一番，而这些蚂蚁也跟着变得忙碌起来。它们又把得来的消息告诉另外碰到的同伴。不大一会儿，一般大小的一群蚂蚁排着队伍来到面包屑旁。它们三下五除二便将面包屑分割成更小的部分，然后人手一块，一个接一个地排着队，将这些食物运送回自己的洞穴。

【动物启示录】

看到这里，你也许会感叹，世界上还存活着这样一种生物，它们凭借种群的智慧和团结，以弱小之躯在这地球上存活了数千年之久。是什么让它们有如此良好的协作？又是什么让它们将事情做得井井有条、一丝不苟呢？是沟通。

蚂蚁的沟通方式和大多数昆虫一样，一旦与同类相遇都会用头上的触角进行沟通，以便把自己获得的情报信息与对方及时交流，正是这种良好的沟通让它们产生了更高明的智慧，同样爆发了更强大的团队力量。

其实，人与人之间最需要的不就是这种良好的沟通吗？向蚂蚁一样主动亮出自己的触须，与对方进行交流并互换信息，更要学会开诚布公地与迎面而来的触须进行沟通，或许沟通就是这么简单。

有一个书生想要买柴，便喊住了街上卖柴的人：“荷薪者过来！”卖柴的人听后不解，但好在听懂了“过来”两个字，于是想了一想，把身上的柴挑到书生前面。

书生接着发问：“其价如何？”卖茶的人听不懂，但至少这句话里有个“价”字，于是估摸着是在问价钱，便告诉了书生柴火的价钱。书生听了认真看了看柴，说道：“外实而内虚，烟多而焰少，请损之。”这下卖柴的人完全听不懂书生的话了，于是挑起担子就走了。

以上故事告诉我们，沟通要对等。在与人沟通时最好用简单的语言、易懂的言词来传达讯息，而且对于说话的对象、时机都要有所掌握，只有做到有效沟通，你的信息才能成功传递给对方，而对方也才能将信息回馈于你。因此，有时过分地修饰、隐晦反而达不到沟通的目的。

人与人之间的沟通比蚂蚁要复杂得多，许多客观因素，比如语言环境、文化背景，甚至感情因素都能直接影响沟通的质量，这就更容易加深隔阂和误会的产生。反过来说，这些不好的隔阂和误会也正是因为缺乏有效沟通而导致的。为什么人们不能向蚂蚁一样开诚布公呢？为什么人们一定要为自己竖起一道沟通的高墙呢？

向蚂蚁学习，主动亮出自己的诚意，坚持沟通，不要借口社会压力太大，而故意淡化亲友之间的联系；不要借口社会太复杂而变得勾心斗角、无往不利。

第四章

行动的启示

现实生活中，我们能想到很多打败对手的方法。在动物界里，动物们把这些方法演绎得更加逼真：蜘蛛用自己的优势对付比它大几倍的敌人；海星暴露自己的弱点，吃掉对手；琵琶鱼用自己的“微笑”麻痹对方，趁机吃掉猎物。动物的行动对人类而言是一种启发：该用计谋的时候绝不硬拼。

★豪猪★

都是“软肋”惹的祸

【动物故事】

加拿大豪猪身体肥壮，体重达十几公斤，身上长着带刺的针毛，这些针毛集中在它的尾部和腰部，而且还带有倒钩的刺，这是豪猪的独门武技。

只要天敌触碰它，它就会展开针毛刺，速度非常快，天敌根本来不及闪躲，接着就会被它的尾巴所伤。更可怕的是，它的针毛刺中对方之后，刺会留在对方体内，如果不及时弄出来，这些刺就会以每天25~30毫米的速度向体内运动。若是它将针毛刺入对方的面部，对方自己无法拔出，这些针毛最后就会运动到肺部等处，使对方疼痛而死。所以，很多野兽都对它避而远之。

但豪猪也有害怕的对手，那就是渔貂，它见到加拿大豪猪后，立即翘起尾巴，在豪猪周围乱转。豪猪并不知道渔貂要做什么，突然间，它看到渔貂朝着自己扑了过来。渔貂咬住了豪猪的头部，这个部位的针毛比较少，于是豪猪受伤了，疼痛倒地。

这个时候，渔貂一下子咬住了豪猪的腹部，可怜的豪猪，虽然身上长满了针毛，可它的腹部几乎没有针毛。结果可想而知，豪猪就这样丧命了，可它至死也不知道渔貂为什么能够如此轻易就战胜了自己。

【动物启示录】

豪猪的针毛锋利无比，但它最后还是成了渔貂的口中餐。这就说明，不管多么强大的对手也有致命的弱点，只要抓住对方的致命缺点，就可以将其置于死地，但前提是不要将自己的任何缺点暴露在对方面前，否则会输得很惨。

生活中有不少人绞尽脑汁希望征服他人，或是在竞争中战胜对方赢得成功，可结果却总是不尽如人意。其实，这就是没有抓住对方的弱点，给予对方有力的“攻击”。人类和动物一样，都不是尽善尽美的，他们总会存在某些缺陷，而这些缺陷实际上就是“软肋”。

软肋犹如人的喉咙，扼住它就能让人身亡；软肋又如蛇之七寸，击其便可置蛇于死地。人的软肋各不相同，有的多疑、有的纵欲、有的贪婪，这些都可能成为置人于绝境的弱点。

晋献公在位期间，想把南面的虢国和虞国预定为吞并的目标。

可是，晋国要完成这一目标并不容易。虽然虢、虞两国地狭人稀、国力弱小，但却同姓毗邻、结有同盟。倘若晋国与其中一国展开战争，就意味着要和两国之师相抗衡。

晋献公的大臣荀息说：“虞公贪财，只要我们给他美玉、良马，他就会借道让我们去消灭虞国。”晋献公就按照荀息说的做了，虞公得到了美玉、良马后，不仅借了道，还派出军队帮助晋军，结果虢国被消灭后，晋军顺手把虞国也灭了。

晋献公轻而易举地灭掉虢、虞两个小国，就是抓住了虞公好财的弱点，这就提醒我们：抓住对方的“软肋”办事，乘虚而入的确是最快捷的办法之一。

在生活中，我们难免会遇到求人办事的情况，这个时候，如果抓住对方的弱点，找出他的“软肋”再加以巧妙地利用，那么成功就易如反掌。俗话说：“吃人嘴短，拿人手软。”无论是谁，一旦被人抓住了小辫子，就很容易受人差遣。因此，巧借他人的弱点和短处来驱使其为自己办事，虽然不是堂而皇之的办法，但却非常有效。

当然，在这里还要重申一点：在抓住别人“软肋”的同时，也要注意保护好自己，不要让自己的“软肋”为他人所利用。只有平时多加强练习，将“软肋”变成“硬肋”、“强肋”，才能够成为长久的赢家。

★吼猴★

用强者的气势击退敌人

【动物故事】

吼猴是生活在美洲最大的一种猴，它的体长达60多厘米，尾巴长达1米多，全身披着浓密的毛，多为褐红色，随着太阳光线的强弱和照射角度的不同，体毛的颜色能发生各种变化。吼猴的脖子很粗，口腔和下腭也特别大。

当遇到敌人的时候，它们就会吼叫，它们的叫声如同雷鸣一般，能够传到千米以外，因此人们称之为“吼猴”。别以为这种叫声只是随意地乱吼，这是它们在长期的演化中练就的求生技能。

若是遇到了强大的敌人，吼猴就会连忙通知猴群，吼猴们便会齐声发出巨大的吼声，给对方造成强大的震慑作用以保护集体的安危。在这种惊天动地的吼声中，一般的敌人都会退避三舍，因为它们不确定这种“巨吼”背后隐藏着什么，所以谁也不愿冒险。

【动物启示录】

强者的气势并不是以强者自居、对对手或朋友居高临下甚至恃才傲物;强者的气势是面对困难时的坚强,是面对困境时的临危不乱,更是一种不达目的誓不罢休的坚韧。

强者不会坐以待毙,不会怨天尤人,不会寻找借口,而是会主动去解决问题。诺贝尔文学奖的获得者拉迪亚德·基普林曾说:“弱肉强食如同天空一样古老而真实,信奉这个原理的就能够生存,违背这个原理的就会死亡。这一原理就好像缠绕在树干上的蔓草那样环环相扣。”的确,这个世界永远是属于强者的,一味地谦让、退缩并不是人类的生存哲学,只有学会先声夺人,像吼猴一样在气势上压倒对方,才能够真正居高临下。

古代两国作战的时候,经常看到某国号称百万大军讨伐另一国,其实这就是想用强者的气势压倒对方。

曹操在官渡之战大败袁绍后,那些以前反对曹操的小势力国家纷纷给曹操送去了大量的金银珠宝。之后,曹操开始了南征,袁绍的残余势力纷纷献城投降,曹操几乎没有动用一兵一卒,就让自己的实力翻了一倍。

李世民讨伐王世充,大军一到,王世充举手投降,最后导致王世充只剩下洛阳一座孤城。

在现实生活中,有些人总是喜欢把自己摆在弱者的位置,以期得到他人的同情和怜悯,并获得他人的帮助,这固然是一种明哲保身和以退为进的方式。在对手力量异常强大的时候适当隐藏自己的实力不失为一种好方法,但是如果你处处都用这种方法,那就是一种懦弱与卑微的表现。

一个人想成为什么样的人,他才可能成为什么样的人。在这一点上,人类比吼猴更有优势,吼猴由于受自身条件的限制,即使具有强者的心态,也很难成为超越它们种族的强者。但人不一样,人具有主观能动性。人类科学文明发展到现在,古今中外无数的例子已经证明,人自身的身体条件已经不再重要,只要一个人拥有强者的心态,他迟早会成为强者。

★蜘蛛★

善于发挥自己的优势

【动物故事】

在一个温暖的午后，一只大约有8厘米长的螳螂不小心落入了蜘蛛网的中央，正在“家”休息的蜘蛛感觉到蛛网在振动，它知道有猎物送上门来了。

蜘蛛朝着螳螂爬了过去，准备吃一顿“下午茶”。蜘蛛的个头不大，看上去只有一粒黄豆那么大，螳螂在它面前就像一个“巨人”，可蜘蛛并不害怕，在它的地盘里，它就是王者。它爬动着，直接向螳螂的头部而去。此时，螳螂的两把长着锯齿的“大刀”稍稍伸出头前，蜘蛛很快就碰到了刀尖上，将毒液注入螳螂体，不过螳螂前爪上的锯齿也刺痛了它，它急忙向后面退缩了大约3厘米，它知道这样直接攻击螳螂行不通，于是便绕到了螳螂的侧面，可是螳螂的“大刀”还是伤了它，蜘蛛又被迫退避三舍。

吃了两次亏的蜘蛛变得聪明起来了，它不再从螳螂的头部“下嘴”，而是绕到了它的身后，选择从尾部进攻。它把自己的螯肢刺进螳螂的尾端，分泌毒液将它麻醉。螳螂此刻虽想挥舞“大刀”往后砍，但是已经力不从心，因为它已经中毒并被蛛丝捆牢，再也没法动弹了。

没过多久，螳螂终于不再挣扎。这时候，蜘蛛便开始贪婪地吸食起来。最后，蜘蛛将肚皮吃得圆滚滚的，慢慢爬到一边休息去了。

【动物启示录】

蜘蛛在动物界里算是非常弱小的，它没有尖锐的爪子，也没有锋利的牙齿，可它却有织网的本领和一身的“毒”功。它善于发挥优势，敢于进攻，以智取胜。

要想生存，就要有生存的本事。但仅有生存的本事还不够，还得知道怎么运用这些本事。在现实生活中，有很多人之所以一直碌碌无为，不是他们没有优势，而是他们不懂得怎么发挥他们的优势。

有句话说："垃圾是放错了地方的宝贝。"乍一看觉得不可思议，可事实却真的如此。

曾经有个年轻人偶然得到了一块大磁铁，这是一家大型工厂变卖的。

年轻人拿着磁铁，心想："这块磁铁有什么用呢？如果当废品卖掉，也不过赚几块钱；可留下在家里也没什么用处。"

后来，他的母亲提醒他："你仔细想想，磁铁是用来做什么的呢？"这句话点醒了年轻人，他豁然开朗："磁铁就是用来吸铁的。"

于是，年轻人将磁铁拴在一根粗绳子上，跑到附近的码头去"垂钓"。这座海港的历史已有百年，成千上万只船从这里经过，海里有废弃的零件，也有修理用的工具……就这样，他用磁铁捞上来1000多斤的废铁，挖掘到了自己的"第一桶金"。

后来，他又多雇了几条船，用同样的方法去吸铁，只用了一个月的时间，他就积累了4万多元的财富。看到他小有成就，那家工厂负责收购的人感叹："我收过的磁铁无数，有一些甚至比他的还要大，可我都觉得它们是'垃圾'，从来没想到去发挥磁铁的第一功能，唉……"

的确，最大限度地发挥一个事物的长处，能够获得意想不到的结果，做人也是一样的道理。著名的心理学家克里夫顿说过："判断一个人是否成功，关键看他是否最大限度地发挥了自己的优势。"每个人都有自己天生的优势，想要取得成功，就应该在自己容易做好的领域中科学地规划、做自己最擅长的事，这样才能够最大限度地施展自己的才能。

俗话说："人尽其才，物尽其用。"每个人都有自己的长处，只是有些人认识到了自己的优势，有些人尚未认识到而已。如果你渴望成功，或者正苦于不知从何做起时，不妨重新审视一下自己，了解一下自己具备的优势，问问自己到底对什么感兴趣、想做什么，然后再重新给自己定位，在合适的领域里努力拼搏，你就等于踏上了通往成功的路。

★海星★

让自己的弱点成为“陷阱”

【动物故事】

海星身上有着天蓝色的底纹，点缀着红色、黄色的图，被称为海底世界的美人，特别是它那斯斯文文地在海中漫游着的样子，仿佛是等待着会情郎的姑娘。

海星看上去很柔弱，也很友好，它遇到谁都装作一副弱不禁风、楚楚可怜的样子，然后都会主动地打招呼，还会亲吻一下对方。

有一天，一只海胆从它身边走过，海星温柔地对它笑了笑，温柔地弯下腰，温柔地抱住它，温柔地亲吻它，一切都显得那么多情，不一会儿，海星放开了它的手，海胆从它的怀里落了下来。为什么要用“落”呢？原来，海胆已经变成了空壳，它的肉早已成了海星美味的晚餐。

原来海星在抱住海胆的时候，它把胃从嘴里翻了出来，然后用腕和管足捉住猎物并将整个身体包住它。海星到底在做什么？它是在消化海胆。过了一会儿，海胆被它消化完了，它又连忙把自己的胃缩回了体内。

如果碰到自己最喜欢吃而又有硬壳的贝类猎物时，海星还要先进行一番加工，它依旧用自己的腕和管足将扇贝紧包在其中，看着扇贝一点点地窒息身亡，然后它再用柔软、灵巧的腕互相配合把贝类动物的双层壳一点点拉开，露出它们里边的肉来，这时，海星才翻出胃来放心地大吃。那些消化不了的贝壳，海星在饱餐之后就将其抛弃了。

【动物启示录】

海星的外表是柔弱的，所以许多动物都不把它放在眼里，更不会对它心存戒备，但是它却能在动物面前把自己的胃给暴露出来。有多少人敢于在竞争中将自己最软弱、最薄弱的地方暴露出来？但是，当一些人敢于将自己的薄弱环节暴露出来的时候，一定是做了充分的准备，很可能这就是他们布置的一个陷阱。

海星的这种捕食方法是示弱的表现方式，它启示我们，倘若遇到一个有实力的强者，而且他的实力明显高于你，你也不必为了面子而与其争强。如果非要硬碰硬，你有可能摧折对方，但也有可能毁了自己。这时候，最好的解决办法就是在他面前暂时妥协、主动示弱，以化解对方的戒心。有意地暴露自己某些方面的弱点，让别人中招是一种有益的处世之道。

隋朝末年，隋炀帝荒淫无道，各地农民纷纷起义，就连不少政府官员也纷纷倒戈。这种情势让隋炀帝十分恼火，并加重了他的疑心，他开始怀疑众大臣阴谋叛乱，对于外地的文臣武将更是不放心，稍有一点儿动静就抄家灭门，杀死众多无辜人士。

当时，唐国公李渊担任隋朝中央和地方大员，他文武全才、政绩突出，深得民众的爱戴，并结交了众多地方的英雄豪杰，尽心尽力为当地民众谋福，因此声望很高，很多人都前来归附。他的名望让隋炀帝很不放心，对他多有猜忌，甚至派人严密观察他的动静。

有一天，隋炀帝宣李渊晋见，李渊因为病重未能前往，隋炀帝很不高兴，便起了疑心。李渊的外甥女王氏是隋炀帝的妃子，隋炀帝向她打听李渊未来朝见的原因，王氏回答是病重无法起床，隋炀帝连忙问道："会死吗?”王氏随后将此话转述给李渊，让他多加小心。李渊意识到自己已经成了隋炀帝的“眼中钉”，于是他变得谨慎起来，如若不然就很可能遭到灭门之灾，如果直接起兵造反的话，力量有些不足，而且有些仓促，因此李渊决定先低头自保，等待时机。

此后，李渊故意收受贿赂，败坏自己的名声，并终日沉浸于声色犬马之中。隋炀帝听说这些之后，便稍稍放松了对李渊的警惕。此时，李渊一边谨慎行事，不让隋炀帝猜忌自己，一边又招兵买马、扩充兵力。几年的时间里，他顺利地瞒过了隋炀帝，也保住了自己的性命。

在强势的隋炀帝面前，如果李渊不懂得低头自保，哪怕是做得不够到位引起了隋炀帝的猜忌，都很有可能危及性命，因此，李渊为了顾全大局而主动示弱是正确的，事实也证明，主动示弱的确帮他渡过了难关，并且为他日后打天下积累了资本。

由此可见，在与对手周旋的时候，如果势不如人，就应当适时地让步，以免吃大亏。正所谓，好汉不吃眼前亏。很多时候，妥协只是暂时的，并非要你放弃一切。即便是示弱，也不是一忍到底，而是等待最佳时机，想办法后发制人。

可惜的是，很多人在与人交往的过程当中不懂得“示弱”，也不甘心在别人面前示弱，总觉得这样有失面子。其实，这是目光短浅的看法。示弱能够有效地减少敌对势力，并可以获得他人的“同情”，从而拉拢人心，为日后的“图强”积蓄能量，这种示弱不是认输，而是积极的、主动地防御。任何一个想要成就大事的人都必须认清这一点，并巧妙地运用到“实战”当中。

★ 羚羊 ★

必要时放手一搏

【动物故事】

生活在亚洲和非洲草原上的羚羊是食草动物中的长跑健将，速度可达到60~70千米/小时。当它遇到天敌的时候，会施展出全部的力气，其短距离冲刺速度可以达到113千米/小时，比一般的汽车还要快。

可惜天外有天，具备一身奔跑的功夫也不代表能够可以在草原上惬意地活着，它们必须处处提防着猎豹的追击，因为这个天敌的奔跑速度是120千米/小时，远比羚羊要快。所以，除了奔跑以外，羚羊还学会了另一套“功夫”。

当一只羚羊被猎豹冲散到羚羊群之外，遭到猎豹的猛烈追击时，它似乎懂得仅向前逃已经无法脱身，于是急中生智，突然改变了逃跑的方向。由于猎豹正全力以赴地追赶，它不得不费好大劲儿从风驰电掣中来个“急刹车”，放慢速度后再转移视线。

这个时候，猎豹的呼吸有些急促，甚至有点儿筋疲力尽了，而羚羊得到了喘息的机会，并重新振作了一下。接着，只见它来了一个“回马枪”，乘机猛然回头迅速向猎豹冲去，用它坚硬的头角猛刺猎豹，猎豹对于羚羊的这一举动毫无准备，受了重伤，而羚羊此时已快速地追随羚羊群去了。

【动物启示录】

有些人总是觉得命运无法掌握在自己的手中，不是他们平庸无能，而是他们没有像羚羊那样放手一搏的勇气。生活处处都有陷阱，在身临绝境的时候如果甘愿沦为敌人的俘虏，最终的结果只能是灭亡。

相反，如果懂得暗中积蓄能量，给予对方有利的反击，就可能绝处逢生。就好像在经济危机中，很多人都丢失了饭碗，但却有一部分人借助这个机会重新站起来，而且活得比以前更加潇洒。因为这个危机对有些人来说是灾难，而对另一些人来说却蕴藏着机会。

这些人就是借助这样的机会放手一搏，才成就了自己的事业；而怨天尤人的人仍沉浸在痛苦之中不能自拔。那么，在遇到类似这种危机的时候，你会选择打退堂鼓，还是准备放手一搏呢？

莫瑞儿·西伯特在美国被称为“金融界的第一女士”，可是很少有人知道，西伯特20多岁就离家创业，当时西伯特从俄亥俄来到纽约的时候，口袋里只有500美元，她的第一份工作是一名产业分析员，之后又跳槽到另一家经纪公司。有一天，她接到一个电话，来电人告诉她，之前她所写的报告为他们公司赚了一笔钱，所以他们欠她一个订单。

就这样，她得到了第一个订单。之后，她脱离了研究部门，转入为客户买卖股票的经纪部门，她从赚取固定薪水转变为仰赖佣金收入，最终联合了许多小型经纪商合伙经营。

后来，她向银行借了30万美元，在纽约证券交易所买了一个席位。结果在6个月之内，她便用赚回的钱建立了莫瑞儿·西伯特公司。

可是，谁能想到，当她处于困境的时候，曾经向10个人求救，当中就有9个人拒绝了她。甚至有段时期华尔街似乎对她冷眼相看，但这些情形都困扰不了她。

如果你问莫瑞儿·西伯特如何让她一直这么坚强，她会这样回答你：“不要害怕冒险或者作决定，不管什么样的困难，你都要撑住！”这正是她对自己有信心，有“放手一搏”的决心，让她迈向成功所跨出的第一个大步。

在成就大事的过程中，难免会遇到各种各样的困境，如果只是一味地选择后退，就可能会丧失成功的机会。如果已经没有退路，不如学学西伯特的“放手一搏”，说不定就能峰回路转。

★ 鬣狗 ★

在围猎之前从不忘记了解对手

【动物故事】

在东非塞伦盖提的草原上，阳光如同火球一般烘烤着大地，一群鬣狗在草原上奔驰，突然它们有秩序地散开了，原来，它们在守猎一群大角马。在守猎的过程中，每只鬣狗都有自己守护的面积。

鬣狗们越来越接近角马群，它们已经排成了月牙状的包围圈，不紧不慢地向前推移。角马群完全被眼前的情景吓坏了，它们拼命地向前乱逃。此时的角马群已经全乱套了，但它们不是从一个方向跑，而是有的向左，有的向右……

它们的目的就是想迷惑敌人，使鬣狗失去瞄准的目标，可是这恰恰中了鬣狗们的“奸计”，因为鬣狗采用半月形攻势，围攻到最后总能把一头角马从马群里分离出来，果真，就如鬣狗预料的那样，一头腿脚不便的角马成功地被分离出来，它退无可退，而这一头分离出来的角马就会必死无疑。一群鬣狗冲上前去，在几分钟内就将一只角马撕碎吃掉了。

【动物启示录】

不管是人类世界的斗争还是动物世界的斗争，都蕴涵着智慧。为了生存，任何一方都会尽自己最大的能力。当然，仅凭借个人的力量仍不够，有时候要通过集体的智慧和巧妙的配合才能赢得更大的成功。

如果鬣狗不懂得采用围猎的计划，那么角马的逃散计划一定可以成功。可惜，鬣狗早就识破了角马不会集体逃散的招数，最终把它们单个地分离出来，让角马成为自己的口中佳肴，这是一种高明的制敌策略。在面对强劲的对手时，除了利用集体的力量之外，还要了解对手使出的招数，想办法去破解。只有这样，才能够如愿以偿。

想要做成大事，在角逐中胜出，除了运用自身的优势外，还要充分地了解对手。只有这样，才能够制订出最佳的战略战术，出奇制胜地击败对手，这就是人们通常所说的："知己知彼，百战不殆。"

在日常生活中，当你与他人交往时，如果不能够判断出一个人的人品，甚至不知道他是好人还是坏人，那么后果就可能会很严重，你可能会因此而受到伤害，事业可能会因此而不成功，甚至还会掉入对方的陷阱中。

要想了解对方的真实情况，洞悉对方的内心活动确实是一件很不容易的事情，正所谓画皮画虎难画骨，知人知面不知心。看人、识人是一门学问，只有把对手分析得透彻了，才能帮助你顺利地战胜对手，取得成功。

春秋中期，郑国日渐强大，希望在中原有所作为，进一步奠定其在诸侯中的地位。但是，戎人的不时侵扰阻碍了郑国的发展。虽然戎人士兵的数量比中原各国要少，但他们作战勇猛、战斗力很强、机动灵活。面对这样的敌人，郑庄公很为难，但若不平定戎人之乱，就无法向前发展；若与之交战，却又不知从何下手。

这个时候，公子突对郑庄公说："戎人有勇无谋，双方展开激战的时候，我们可以假装不敌，先将敌人引入我们的埋伏圈里，就一定能够将他们全部歼灭。"

郑庄公采纳了公子突的计策，在跟戎人激战的时候突然撤退，还故意留下大量的武器和军用物资。戎人看到敌人撤退后，认为敌人害怕了，就拼命地追，最后进入了郑国军队的包围圈，结果戎人全军覆灭。

郑国消灭了长期困扰后方的戎人，从此再无后顾之忧，便开始向外发展和扩充势力，不久之后，郑国就成了春秋时期的一个强国。

公子突的妙计之所以能够成功，关键在于他了解对手，熟悉敌我双方的情况。戎人勇敢、善于步战，这是他们的优势；但戎人缺乏军纪、贪图财物、遇挫而馁、不顾全局，这是他们的劣势。郑国清楚地抓住了对方的优势和劣势，便能够制订出有效的战术，这就是郑国最终能够将戎人剿灭的原因。

在《三国演义》里，当诸葛亮用空城计的时候，他抓住了司马懿多疑的毛病；石油大王洛克菲勒之所以能把一个个竞争对手彻底挤垮，同样是因为他对每一个竞争对手都十分熟悉和了解，完全摸透了他们的心理特征和人格弱点，真正做到了知己知彼，如此才充分集中自身的优势去打败他们的弱点。

“知己知彼”是“百战百胜”的前提条件，只有对双方的情况尽可能洞悉，才能捕捉到更佳的机会，为自己的成功找到更合适的突破口，从而取得成功。在生活中也是如此，你必须在更高意义上理解“知己知彼，百战不殆”，才可能真正地战胜自己，巧妙地解决一切问题。

★ 獴 ★

该出击时绝不手软

【动物故事】

一天，獴与眼镜蛇相遇了。虽然獴喜欢吃蛇，但它准备绕道而行，因为如果自己不小心被眼镜蛇咬了会很麻烦，所以它打算绕道离开。

可是眼镜蛇根本就不买它的账，眼镜蛇直立着身体向它挑衅。獴对于眼镜蛇的挑衅根本不予理睬，眼镜蛇看到对方似乎很害怕自己，就一直围绕在獴的左右。

这时候，獴发出一声短促的叫声，尾巴开始神经质地颤动，它发怒了，准备和眼镜蛇一较高下。眼镜蛇微微地张开嘴，将头后仰，准备发动进攻。

这时，獴看穿了它的意图，闪电般地从地上蹿起来，一下子就咬住了蛇的下颚，然后用4只脚爪抓住蛇的身体。它们就这样在地上扑腾翻滚，一会儿獴压在蛇的身上，一会儿蛇又将獴卷倒在地，每个回合都不超过5秒钟，可它们却这样战斗了将近50分钟。战斗的结果是獴胜利了，最后，獴还把这条眼镜蛇给吃进了肚子里。

【动物启示录】

蛇是獴最喜欢吃的食物，但是对于像眼镜蛇这样的毒蛇，它捕杀对方却显得麻烦，因为它知道你死我活的争斗并不是好玩的事情，它其实是希望息事宁人，可是眼镜蛇却咄咄逼人，让它退无可退，因此它也决不会怯懦，而是用尽全力与毒蛇展开生死搏斗。

“忍一时风平浪静，退一步海阔天空。”但是，在一些特殊的时刻，我们决不能一味地退让，该出手时就要出手。如果总是犹豫不决、瞻前顾后，就会让对手觉得你是个软柿子。不过，“出手”也要有计划，不可盲目。在事情未发生之前要冷静沉着，在暗中观察、谋划，静候最佳的时机。一旦时机成熟、万事俱备，就要及时出手，以迅雷之势让对方不堪一击。

春秋初年，郑武公去世后，太子即位，他就是郑庄公。

郑庄公的母亲武姜并不喜欢他，而是偏爱他的弟弟共叔段。武姜曾经多次向郑武公请求立共叔段为太子，但郑武公没有答应。如今，郑武公去世，武姜和共叔段便试图夺权，武姜先替共叔段请求分封到制邑去，由于制邑是军事要塞，郑庄公没有答应。接着，武姜又替共叔段要求易守难攻的京城，郑庄公只好应允。

共叔段一到京城便开始加高加宽城墙，郑国大臣对此颇有意见，因为每座城池的高度都有规定的。后来，共叔段更加放肆，他下令让西部和北部的边陲守军听命于自己，并私自占领了周围的城邑，这让郑国将士们愤愤不平。然而，郑庄公依然不理。当郑庄公得知共叔段和他母亲正准备起兵攻打他的时候，郑庄公才派出大将攻打共叔段，共叔段被迫逃亡出国，不久后被逼自杀。

郑庄公是个高明之人，遇事能忍善藏。在母亲和兄弟串通一气为自己制造麻烦时，他先隐忍不发，甚至为其封地；共叔段贪欲不足、大修城邑时，他依然能克制隐忍，藏起自己的智慧和意图，甚至让胞弟认为自己懦弱无能，步步紧逼。实际上，他是故意让共叔段保留自己的弱点，向世人昭显自己的滔天罪行，这样就能够让自己一出手便置对方于死地，又免去了“不孝、不悌、不仁”的罪名。郑庄公在忍耐之后，接下来还善于抓住了最佳的时机，一举端掉了导致国内动乱的祸根。

从这段历史故事中，我们应该领悟到一点：无论是工作还是生活，如果与他人竞争，时机不利时就要能忍善藏；一旦时机成熟，该出手时就要出手，不要拖延和含糊，否则的话就会给对方可乘之机，给自己带来麻烦。

★羚羊★

成为奔跑健将，全拜天敌所赐

【动物故事】

有一天，一群科考人员从草原上把一些羚羊带到了一个新的地方，这个地方有很新鲜的牧草，而且附近没有狼群，羚羊们不必每天都提心吊胆的，这样的日子实在难得。虽然没有任何的不适，但它们偶尔还是会想念以前的那个家，想起它们的妈妈每天早晨起来对它们说，要想在草原上活得更久，就必须每天早晨一醒来就去拼命地练习奔跑。

时间过得很快，一转眼，羚羊们已经在新家生活了一年。与刚来时相比，它们的家族变得更强大了，它们当中又多了十多只小羚羊。突然有一天，科考人员又来了，将它们带走了，这一次是送它们“回家”。

回到草原后的半年，科考人员想看看这些送回来的羚羊生活得怎么样，可是发现如今就只剩下 3 只了。

【动物启示录】

羚羊群因为有了天敌狼群的存在，练就了快速奔跑的功夫，最后才得以生存下来。从生物进化史来看，那些没有天敌的动物往往是最先灭绝的，而有天敌的动物则会逐渐地繁衍壮大。在人类社会中，这样的现象依然存在。可以说，有敌人并不可怕，最可怕的是没有敌人。

成功学大师卡耐基说：“一个人在饱受对手折磨的背后隐藏着未来的成功，所以，敌人能促进你取得成功的源动力。”一位哲人也说过，任何的学习都比不上一个人在与敌人较量的时候学得迅速、深刻和持久，因为它能使人更深入地了解社会、接触社会现实，使个人得到提升与锻炼，从而为自己铺就一条成功之路。所以，从一定程度上来说，你要感谢自己的敌人，正是因为他们的存在才加速了你成功的步伐。如果你能够以感激的心态去对待你的敌人，那么，你就不再是一个悲观消极、面对苦难掩面而泣的人，而将成长为一个无往不胜的勇士。

所以，当你走出困境或是取得成功的时候，在感谢那些曾经伸手帮助过自己的人以外，最应该做的就是敞开胸怀去感谢你的对手或敌人，因为，你当下所取得的成就，敌人所起的作用与朋友是大体相当的，甚至远远地超越了你的朋友，因为成功需要顶住敌方的压力，从某种意义上说是敌人给了你“反弹力”。但是，要做到发自内心地感谢敌人不是件容易的事，需要你有宽广的胸襟，可世界上有多少人又具备这样的气度呢?

在康熙60岁大寿时，举行了一场盛大的“千叟宴”。在宴会即将结束时，康熙拿出老祖宗留下的大铜碗装了满满三大碗酒。第一杯酒，康熙敬孝庄皇太后，感谢她帮助自己登上了帝位，并辅佐他如何做一位好皇帝；第二杯酒，康熙敬天下臣民，感谢他们为江山社稷所作的贡献。当他端起第三杯酒的时候，众人屏息以待，都想知道谁是康熙要敬的第3个大恩人。然而，康熙给出的答案却出人意料，他缓缓地说：“第3碗酒，我要敬朕的那些死敌们：鳌拜、郑经、吴三桂、噶尔丹，还有朱三太子，他们都是英雄豪杰，他们逼着朕立下了丰功伟业，朕恨他们，但也敬他们，是他们造就了朕……”

暂且不说康熙的执政是多么英明，就这3句感谢的话，尤其是对死敌们的感谢，就足以让大清帝国万里乾坤。我们不能够祈求所有人都能够拥有康熙那样的胸襟，但他身上的这种气度的确值得我们敬仰。所以，在成功时，我们也要学会去感谢我们的敌人，如果没有敌人，我们就不可能释放出自己最大的潜能来。可以说，在很多情况下，是敌人在迫使我们不断地前进、不断地超越。

★狼★

生存向来都要靠计谋

【动物故事】

狼如果饿了，便会找几个同伴一起去打猎。如果遇到比较大的猎物，狼还会叫更多的狼来一起捕杀。

一天中午，一只健硕的狼听到了从自己肚子里传来咕噜噜的叫声，它从昨天中午到现在还没有吃东西，的确有些饿了。这时候，它看到不远处有几个同伴在嬉戏，便招呼它们一同出去觅食。

走到不远处，狼发现了犀牛群。一只年龄比较大的狼顿时有了主意：它让一个同伴冲进犀牛群中，将它们冲散。接着，它发现一头母犀牛带着幼崽离开了队伍，它没有直接追击母犀牛和小犀牛，而是跑到母犀牛的面前对它龇牙咧嘴，似乎要与母犀牛展开决斗。母犀牛怎么能够容忍狼的挑衅？它顿时怒发冲冠。这个时候，其他狼已经乘机将它的孩子捉走了。母犀牛发现了异常，想要救回自己的孩子，可是已经来不及了，小犀牛已经被咬死了。

【动物启示录】

我们不能够用人类的道德标准去衡量狼的行为，但从它们捕猎的行动中我们不难发现：狼非常善于运用策略。单个的狼决不是犀牛的对手，但它们却懂得运用声东击西的计策，进而得到比自己强大数倍的食物。

狼运用的“声东击西”是《三十六计》中的一计，即忽东忽西、即打即离，制造假相迷惑敌人，使得对方做出错误的判断，然后乘机歼灭敌人。

为了让对方的指挥发生混乱，就必须采用灵活机动的战术。原本不打算进攻敌人，却要佯装进攻；原本准备进攻对方，却要伪装得没有任何举动。似可为而不为，似不可为而为之，敌方就无法推知你的真正意图，被假相迷惑，进而作出错误的判断。这是我国古代军事家使用过的高明计策。事实上，这个计策不仅在军事上能起到非常重要的作用，在其他地方也能起到关键作用。

建安五年二月，袁绍率大军南渡黄河进攻许都，欲消灭曹操，派上将颜良为先锋率军攻打驻在白马的东郡太守刘延。

当时，袁绍的实力比曹操强大，而且一旦白马失守的话，对曹操的形势极为不利。

谋士荀攸对曹操说："丞相可率军西去延津，声称要渡过黄河攻打袁绍的后方，这样，袁绍必然会分兵来同我军对抗，然后我们派出轻骑部队突然回救白马，打他个措手不及，颜良的军队就可以被攻破了。"

曹操采纳了荀攸的计谋，挥师西进延津，一路虚张声势。

袁绍听说曹操大军西进渡河，就率领大军到延津阻截，决心与曹操决一死战。

曹操见袁绍已经中计，便率领轻骑部队日夜兼程回救白马。到离白马还有 10 多里的地方，颜良才知道，一时惊慌失措，匆忙迎战。结果颜良大败，就连他也被关羽斩于马下。

就这样，白马之围被迅速解除了。声东击西讲求出奇制胜，目的在于转移对方的目标，让其疏于防范，然后再趁其不注意的时候攻其不备。

其实，不管是军事作战，还是处理其他的事情，要想消除当前人为的阻力，减少自身的损失，就必须设法转移对方的注意力，分散对方的力量，这样才能够乘虚而入，达到目的。声东击西的用法有很多，但有一个前提不能变：本身的计谋和行动必须是绝对秘密，不能够让对方发现。这就和狼狩猎一样，不能够被猎物发现自己的计谋。只有做到不露声色，才能够时刻争取主动，否则就会变为被动，处处受到牵制。

★雪豹★

大意失“荆州”,小心为上

【动物故事】

雪豹终年生活在雪线附近,它们的家位于青藏高原和帕米尔高原上。冬天,雪线往下移,它们就跟着往下走;夏天,雪线往上移,它们就跟着往上爬。

它们生活于积雪中,但它们不畏惧寒冷,那身厚厚的白皮毛可以抵挡住所有寒冷的雪和风。雪豹像很多动物一样,它们白天卧在洞里休息,黄昏和夜晚时才出来捕猎。它们是雪山上唯一的猛兽,那些老虎、狮子,从来不和它们抢地盘。所以,它们的地盘完全由它们做主,它们想吃什么就吃什么,如果它们愿意的话。

虽然它们是雪线上的霸主,但还是小心翼翼地生活着,它们一边向前走,一边用尾巴扫后面积雪上留下的脚印,它们从来不会给追踪者留下任何蛛丝马迹。

雪豹不是孤独者,每只雪豹的洞穴中都会有自己的伴儿。雪豹是自己把自己送到雪域高原上与雪为伴的。渐渐地,它们适应了那里的生活。如果把它们带到温暖的动物园里,一定会要了它们的命。

【动物启示录】

尽管雪豹在那片高原上是霸王,但是万一哪天露出痕迹,就会被敌人所跟踪而偷袭自己,那可就惨了。所以,雪豹每前进一步就会用自己的尾巴把身后的印迹给擦掉。我们做任何事情,都要谨慎地把它的前因后果、来龙去脉想清楚,切不可只看到跟前的小利益就粗心地做出事后对自己不利的事情。更何况在很多情况下，有利益的地方就有小人的存在，只要稍不防备，就会遭受到小人的暗箭而吃大亏。

小人之所以防不胜防，是因为他们的眼睛会如狐狸一般牢牢地盯着周围所有大小的利益，随时准备多捞一分，为此甚至不惜一切代价用各种手段来算计别人。为了达到这个目的，他们说不定会趁你不小心的时候在背后给你一刀。特别是那些无意中的言语或行为，如果你不小心刺到了某个小人的某根神经，就很容易激起他的报复之意。

在生活中，很多年轻人都因为缺乏防范之心而吃了大亏。防人固然可以使你免受伤害，但是要防得不动声色，这才是聪明人做人做事的精明所在。

1.警惕告密的人

现实生活中，有一些人专门喜欢四处传话、告密，这种人是非常可怕的，因为这种人告密一般都是为了谋取好处，那么自然就会损害到你，因而你要检视一下自己周围的人，看看有没有这种喜欢告密的人，如果有，在他们面前说话千万要小心。

2.远离变色龙一样的人

有些人非常擅长变脸术，他们可能此时会对你以诚相待，彼时却突然翻脸不认人。他们这种变脸完全根据现实利益所需，这种人就像变色龙一样，一辈子会以几种面目示人，让你捉摸不透，更无法防范。如果你发现身边有这种人的话，就赶快远离他们，千万别被他们迷惑住。

3.防范阿谀奉承之人

阿谀奉承的人，其目的就是从那些喜欢被奉承的人身上得到利益。一旦得到了想要的东西，他们就马上就翻脸不认人，说不定还会对有知遇之恩的你反咬一口。所以，你一定要观察你身边是否有这样的人，切不可因为他们奉承你几句就对他们口无遮拦，这样做无异于养虎遗患。

4.别让“小人”看透你

有的人总是喜欢显摆自己的锋芒，把自己整个人都表露在众人面前，这种人最容易被人看透而遭受他们的攻击。所以，一些善于为人处世的人都不会过于表现自己，适当的时候会隐藏自己的光芒，不会轻易地向别人敞开心扉，以此来防范小人的“偷袭”。

5.防备与你有过节的人

跟你有过不快的人是最容易报复你的人。当你的旧敌出现在你身边的时候，你就要警惕。当然，你没有必要让所有人都知道你们的过节，如果你能宽容大度一些，很可能还会与对方成为朋友。

★黔之驴★

别被表面的“强大”吓唬住

【动物故事】

一天，在某一座山上的老虎听到了山下有一声长鸣，它感觉到有些恐慌，同样也感到很好奇，于是就悄悄地下山，向那个传出声音的地方走去。

老虎来到山脚下，看到了一头巨大的动物——驴。老虎初接近它，只是隐藏在树林中偷偷地窥视它。窥视了一阵子后，老虎才慢慢地走出来接近它，不过它还是十分小心谨慎。

驴子突然长鸣了一声，老虎大惊，赶忙逃得远远的，还以为这头巨大的动物要吃掉自己，非常害怕。但是再来回仔细打量了它一番，发现这头巨大的动物并没有什么特别的本领，而且越来越听惯了它的叫声，便进一步地靠近它。老虎在它面前前后移动，但始终不敢向前捕捉它。

接下来，老虎又向驴子稍微靠近了一些，显得更加亲近了，便对驴子冲撞冒犯起来。驴子不禁发了脾气，翘起蹄子猛踢老虎，老虎一看心中暗喜，悄悄谋算着："它的本领不过是这么一点点罢了。"

于是，老虎腾跃而起，大吼一声，猛地向这头巨大的动物扑击，咬断了它的喉咙，把它给吃掉了。

【动物启示录】

老虎从未见过驴子，内心有些许恐惧。不过，老虎在面对这头看似很强大的对手并没有被吓倒，而是静心观察，一点点地摸清对方的虚实，最终，它的勇敢战胜了恐惧，让"强大"的驴子成了自己的口中餐。其实，做人也该像老虎那样，不要被表面上强大的东西吓倒，要敢于斗争、善于斗争。

貌似强大的东西并不可怕，因为那只是表面的强大，实际上它们也有着致命的缺陷。因此，不要被表面的现象迷惑或吓倒，只要冷静地观察、细心地思考，识破它们的庐山真面目，那么想要将其打败就是易如反掌的事了。

汉献帝建安十三年，曹操率领大军南下，夺去了荆州之后顺流东下，试图乘胜攻占江东。面对这一情势，东吴群臣都非常担忧，张昭和秦松等人主张投降，唯有周瑜和鲁肃主张迎战。周瑜说："曹操托名汉相，实际上却是汉贼，我们怎能投降于他呢?别看他来势汹汹，表面强大，实际上弱点也不少。首先，曹军的后方不稳，关中的韩遂、马超都是其后患，所以曹操不可能与我们持久作战；其次，北方人到南方后定会水土不服，易生疾病；再次，北方人善骑战，不善水战，现在曹军要与我军展开水战，是舍弃所长，用其所短，这些都是打仗的禁忌，如今曹操却要犯忌，怎么可能不败?不如今日派我带兵 3 万去擒拿曹操。"

听了周瑜的一番分析之后，孙权精神振奋，他说："曹操想要篡汉自立，蓄谋已久。只不过，他畏惧袁术、袁绍、吕布和我，不敢贸然行事而已。

如今，数雄已灭，唯我尚在，我与曹操势不两立，如今你提出迎战，正中我意。”说完，孙权猛地拔刀将案桌砍断，以警示众人不许再提投降之事。

随后，周瑜又单独见孙权，试图进一步解除他的思想顾虑，周瑜说：“曹操号称带领80万大军，其实是虚张声势。他从北方带来的兵只有十五六万，而且经过长期作战，众兵将已经疲惫不堪。夺取荆州后，曹军得到的降兵最多有七八万，这些人心怀犹豫，即使真的上了战场也未必肯出全力。用疲惫不堪的北方兵来统御心怀犹豫的荆州兵，人数虽多，何足畏惧。请您放心，只要给我5万精兵，我足以将其破之。”孙权听后感慨颇多，他对周瑜说：“你的话在理。你与鲁肃与我的心相同，此乃天助我也！”

此后的结局可想而知，周瑜自然战胜了曹操。回过头看，周瑜能够打败曹操，关键在于他对曹操的军事势力进行了准确的分析和判断，没有被他表面强大的阵势吓倒，而是抓住了曹军毫无战斗力的事实，最终取得了胜利。其实，这也再次提醒我们：很多表面看起来过于庞大的东西并不如你想的那么可怕，如果你被它们吓倒，就会失去许多获取成功的机会；然而，若是你认真观察、仔细分析，时刻保持谨慎，然后勇敢地向前冲，不久后你就会发现，那些看似“强大”的东西已经被你踩在了脚下，它们之所以看真起来强大，只是源于你自身的弱小。

★琵琶鱼★

不是所有的微笑都是友好的

【动物故事】

琵琶鱼生活在1000米以下的深海里，那里一片黑暗，阳光根本照射不到，但在那样恶劣的环境中，它们却活得很好。

它们从来不担心因为黑暗而找不到路，因为它们能给自己带来光明。它们的发光器官是由背鳍演变而来的，长在尾端，忽明忽暗的，像一盏被提起的小灯笼。每每它们在发光时，便会引起其他小鱼的好奇，于是这些小鱼就会纷纷向这盏灯笼游去，以便看个究竟，但结果却中了琵琶鱼的埋伏，成了它们口中的美味食物。

琵琶鱼能发光，是一种为了生存而进行的演变，是一种生存的本能，是在诱敌深入。由于诱敌深入，它们便得到了美食，所以，它们为自己能发光感到很有兴趣，并乐此不疲。

【动物启示录】

从某种角度来说，琵琶鱼会发光，其实是一种“燃烧自己，照亮别人”的奉献精神。本来这是一句赞美它们的好话，可是琵琶鱼却用这种方式吞掉了无以计数的生命。琵琶鱼的这种生存方式告诉我们一个道理：在这个世界上，并不是所有的微笑都是友好的，有些人之所以对你微笑，是想把你往火坑里推。

一天下午，岛田接到了一封来自大名鼎鼎的松下幸之助的信。在信里，松下大力地吹捧岛田的蛇目衣车工业公司经营得不错，岛田得到松下的称赞后，又兴奋又开心。

不过，岛田的朋友铃木却对他说：“这很可能是一个阴谋。”

在当时的衣车行业中，现状是这样的，蛇目公司的实力最强，其次是兄弟、力卡。其中力卡公司已从家电业发展到拥有商业旅馆的连锁店，兄弟公司也已插手经营电器产品、编织机及与电脑相关的机器，他们企图走多元化经营的路子，因为他们意识到只生产衣车将会阻碍发展，而松下不想让岛田走多元化的路子。要知道，当时的岛田在全日本拥有 600 家营业所，如果这 600 家营业所都销售电器，势必会影响松下公司。

“司马昭之心，路人皆知。”松下盛赞蛇目公司“专业”经营的用意显然是一个阴谋，但岛田的虚荣心很快就占了上风，他把松下的信刊登在公司的报刊上，向员工夸耀自己曾受到“经营之神”的赏识，自认为自己很了不起。

通常，当一个人被他人称赞后，总会过分意识到要做得更好，不能丢脸，结果反而弄巧成拙，因为不到十几年的工夫，蛇目衣车公司就衰败了。

松下只用几句赞美的话就让岛田放弃了竞争的打算，避免不应有的“流血牺牲”。历史上，孙权也用这招吹捧曹操，劝他做皇帝，可曹操不吃这一套，而是笑着说，这小子想把我往火坑里推。

中国有句很有意思的话，就是对待那些自己能控制，但有一定威胁性的敌人，由于自己腾不出手来解决，他们往往会采取“用一些奉承的话来麻痹对方”，这也跟兵法上的骄兵之计相雷同，使敌人在你的赞美声中慢慢放松对你的警惕，然后再寻找机会把敌人消灭。所以，你一定要警惕那些微笑般的阴谋，千万不要把任何人都想得过于简单。

★丹顶鹤★

离开父母的孩子能早长大

【动物故事】

丹顶鹤是一种长寿的鸟，一般能活到五六十年以上，它们还长得雍容华贵、美丽绝伦，被称为浅水滩处的美丽精灵。

此外，丹顶鹤还是动物界里最会教育小孩的动物之一，它们会共同抚育年幼的孩子，但并不负责把它们手把手地教育长大。在小丹顶鹤刚学会飞翔的时候，便会被赶出家门，小丹顶鹤很舍不得离开父母，一次次被逐，又一次次地回来，最后还是被狠心的父母给逐出去了。

其实父母们并不是真的狠心，而是希望它们能早些离开家，早些长成大鹤，早些自立门户。

失去父母保护的小丹顶鹤以为自己会漂泊天涯、四海为家、到处流浪，可是用不了多久，它们就会各自找到自己的朋友或伙伴，然后它们互相帮助，慢慢地便成长起来了。

【动物启示录】

丹顶鹤很会做父母，看似狠心，实则是在教育孩子如何独立。

常言道："吃得苦中苦，方为人上人。"吃苦与挫折是人生的一笔财富。如今的社会，父母对孩子是"捧在手里怕摔了，含在嘴里怕化了"。他们更担心的是孩子将来会吃苦、会找不到工作，殊不知，在孩子小的时候，不让孩子吃苦、不让孩子经历挫折，将来孩子定会在失败面前爬不起来，在困难面前逃避应承担的责任。

不经历风雨，怎么见彩虹？只有让孩子经受一些磨难与挫折后，才能培养和锻炼他们坚强的意志，才能让他们有信心、有勇气面对未来的挑战，才能在经受失败后重新振作起来。只有在经历过风雨的天空中才能欣赏到绚丽的彩虹，只有经历过磨难与挫折的人生才是丰富而精彩的人生。

牛顿很小的时候，父亲就去世了，迫于生活的压力，母亲不得不带着年幼的牛顿改嫁。牛顿 14 岁的时候，他的继父又不幸去世了，母亲再一次带着他回到了家乡，牛顿被迫休学回家，帮助母亲种田过日子。为了减轻生活重担，母亲想培养他独立谋生，便要他去经销农产品。

每天一大早，他便跟别人到 10 里外的大镇子上做买卖。牛顿非常不喜欢经商，他只喜欢读书，他甚至希望有一天能重新回到教室。每次当他把一切事情都办妥后，就偷偷跑到一个角落里去读书。

日复一日，牛顿躲在篱笆下坚持读书，虽然条件艰苦，但仍没阻止他求知的欲望。这一切都让他舅舅看在了眼里，他的舅舅觉得不应该让这么好学的孩子失去受教育的机会，就帮助牛顿回到了学校。

从此，牛顿将自己的全部身心都投入到学习中，艰辛的生活和苦难的经历赐予了他无与伦比的坚韧与执著。经过刻苦学习，牛顿为自己的科学高塔打下了坚实的基础。不久，牛顿的数学高塔建成了，他在 22 岁时发明了微分学，在 23 岁时发明了积分学，为人类科学事业作出了巨大贡献。

社会远比家庭要复杂得多，到处都充满各种诱惑与陷阱，如果在孩子小的时候不让他们学会独立，不让他们过早地感受到现实社会的残酷，一旦进入社会，他们就无法面对社会上的各种困难与问题。

人生不可能一帆风顺，谁也不想遇到挫折，但谁也避免不了会遇到挫折，如果孩子在家没有主动或被动地经历挫折的“洗礼”与“磨炼”，没有充分做好应对挫折的思想准备，那么这些温室里的“花朵”一旦遇到风吹雨打，就很容易枯萎凋谢，而孩子只有像丹顶鹤那样在小时候经历过风吹雨打，才能掌握应对风雨的方法和能力，才能在走向社会、面对挫折时有一个相对平和的心态。

第五章

成功的定律

动物在地球上生存了几亿年，虽然很多动物已经灭绝了，但仍然有不少存在了几百万年的动物一直生存在这个世界，它们之所以能在地球上繁衍生息下来，一定有其独特的生存能力，才能够在残酷的竞争中胜出。寻找成功之道也是如此，想要在社会中立足，就要具备特殊的竞争优势，做别人做不到的事，体现自己的价值所在。

★狼★

拥有强者心态，注定是赢家

【动物故事】

一位牧民在游牧时发现两只饥饿的幼狼，就把它们带了回去。恰好牧民家里的母狗也下了幼崽，于是刚好与之一起交与母狗抚养。

刚开始，幼狼和小狗们还能和平相处、彼此相容，可是，这样的日子只过了不到10天，两只小狼便霸占了母狗所有的乳头，而那两只小狗只能够眼巴巴地看着，却无能为力。

等到小狼渐渐地长大后，牧民将它们放回了大自然，两只小狼开始了相依为命的生活，它们慢慢地学会了捕猎，长得越来越强壮。遇到野鸡、山羊这样的动物，它们自不待言，即便是面对强大的狮虎，它们仍旧不以弱者自居。

那天，狼兄弟遇到了一只老虎，它们都盯上了倒在地上的那只羊。老虎的体格远远超过了它们，它向两只狼发起了挑战。面对强敌，狼兄弟丝毫不怯懦，它们依旧趾高气扬，与老虎展开了搏斗，而且越战越勇。见此情形，老虎只好仓皇而逃，因为它不想为了一只羊而与狼斗得满身都是伤。狼兄弟依靠自己毫不示弱的心态给了老虎一个教训，让它日后再不敢轻易冒犯它们，而地上的那顿美食，自然也成了狼兄弟的战利品。

【动物启示录】

狼是自然界中的强者，它们的强者心态是与生俱来的，无论在怎样的际遇下，它们始终都以强者自居，丝毫不会示弱，更不会不战自败、不战自退。实际上，无论在自然界还是人类社会中，强与弱的差别，很大程度上都取决于心态，有什么样的心态就有什么样的命运，强者的心态铸就了狼的强势生存法则。

“强者消灭弱者”、“强者剥削弱者”都是由“优胜劣汰，适者生存”的自然法则决定的，人类生活在这个世界上，自然无法脱离生物界的这一生存法则，也存在着强者和弱者的区别。人活着就要有自身的价值，要作为一个强者存在于这个世界上，因为只有强者才能够踏破巨浪，冲破生活的险阻；只有强者才能够战胜困难，成为胜利者。而一个人能否成为强者，关键在于他是否拥有一种强者的心态。

法国文学家维克多·雨果曾说：“应该相信自己是生活的强者。”要成为强者，首先要拥有强者的心态。如果没有强者的心态，再弱的对手也会成为强敌。强者的心态，能够让人在面对残酷的竞争时敢于接受各种各样严峻的挑战而不会退缩；强者的心态，能够让人在面对困难的时候更加坚强、临危不乱，反败为胜；强者的心态，能够让人不去计较眼前的得失成败，永远正视远方的路，站在更高的角度去思考问题。

这是发生在印尼的一个故事。

当海啸发生后，遍地都是残砖破瓦，到处尸横遍野。有一个小女孩趴在一大块泡沫上顺水而下，这时人们发现了这个小女孩，很多人试图拉她上岸，可是水流太急了，根本没法救小女孩上岸，只能眼睁睁地看着小女孩随着水流往下游漂去。

当人们再次看到这个小女孩时，已经是 3 天后了，小女孩仍旧趴在那块泡沫上，泡沫被一颗大树的枝丫给挡住了去路。小女孩一直趴在泡沫上静静地看着周围的世界。

人们用了很多办法，最后依靠救援人员才将小女孩救上岸。当时将小女孩送到医院，在经过医院的检查后，发现小女孩已经 8 天未进食，并且双腿骨折。是什么让小女孩能在疼痛和恶劣的环境中坚持下来？无疑是一种战胜命运的强者心态、一种赢家的心态。

不管面对怎样的对手，都不要把自己看成是弱者，因为在很多情况下，强与弱的界限是难区分的。只要弱者能够坚强起来，就会变成强者。即便自己的实力与对方有很大的差距，也不要退缩，要认定自己就是真正的强者，认为自己在不久的将来就能够拥有超过对手的实力，将对手打败。抱着这样的心态，即便失败了一次或几次，你也不会放弃为之付出了心血和汗水的目标，最终走向成功。

★ 巨蟒 ★

永不知足能“吞象”

【动物故事】

在森林里，一只10米长的巨蟒正在寻找着自己的食物，它刚刚吃了两条菜花蛇，但感觉还是没吃什么东西。接着，它又把目标锁定在了中小型动物身上，可是当它吃进了一只小兔子后，还是觉得没有吃饱。这时候，蟒蛇又起了贪心，它将自己的视线锁定在了一头山羊身上。虽然那是一头小羊，可它的头比蟒蛇大几倍，这该如何下嘴才好？蟒蛇并不担心，只要是它想得到的猎物，它就有办法吃掉它们。

蟒蛇一点点地靠近小羊，接着用身体缠绕着它，可怜的小羊就这样窒息而亡了。

蟒蛇用力地张开大嘴，先咬住小羊的头，然后它的上颌骨、腭骨、翼骨和下颌骨左右交替地将食物向后拉，上、下颌骨向前包住食物。因为蟒蛇没有胸骨、胸腔，而且它胃肠肌肉的扩张能力也非常强，就这样，它一点点地把小羊往肚里吞，直到一个小时过后，它才真正地享用完这一顿美餐。

接下来，蟒蛇便盘绕在树上，它准备进行“消化”工作了。它的肠胃很厉害，除了羽毛和兽毛等东西不能被消化外，其他东西都可以消化掉，甚至连骨骼也无残留。如果人类不小心侵犯了它们，它们也会伤人，甚至还可能上演“吃人不吐骨头”的场景，非常可怕。

【动物启示录】

蟒蛇在吃东西的时候似乎永远不满足，那它们真的能够吞下大象吗？显然是不能的。不过，蟒蛇吞食小猪、牛犊等的情况却时有发生。

在弱肉强食的动物世界里，每个动物都在想尽办法生存下去。对于蟒蛇来说，正是因为有了一份永不满足的欲望，才使得它们能够猎取并敢于吞掉大大小小的猎物，为身体提供足够的营养，完好地生存下去。有时候，做人做事也需要有一点儿“欲望”和雄心，否则的话就很难有所作为。

古罗马的哲学家说过：“一个人的价值永远超不过他的雄心。”因此，雄心是人们对于成功的渴求。如果一个人没有雄心，就会变得目光短浅、安于现状、不思进取。没有雄心，就很难树立远大的目标。

一个人没有人生目标，就无法确定自己人生目标的方向，那么他注定不会成功。想要做出更好的成就，就需要有一点儿雄心，这样才能够让你产生足够的力量和勇气，将自己心中的想法付诸实践。

贝拉原来只是个小公司的职员，每日有固定的时间上下班，而且每月的收入只有 2500 元左右，每月扣除衣食住行的生活成本，所剩无几。

贝拉对自己的状况十分不满意，也不甘心，她一直在寻找机会想办法使自己的收入成倍地增长。当年，她对薪水的目标就是每月拿到 6000 元，为此她努力地工作，积极开发潜在客户，年底的时候，她的月薪涨到了 6500 元，总算如愿以偿。

然而，贝拉觉得这样的月薪除了让她的日子比以前好过一点儿之外，仍旧无法实现她的许多梦想，比如要抽出时间出去旅游、要让父母过得更舒适一点儿。于是，她又产生了一定要再赚更多钱的念头，就这样，她把自己的收入定到了8000元……就这样，贝拉无休止地追求下去，年薪逐渐升至20万元，后来她又有了自己的公司，又赚到了百万元乃至千万元。

美国诗人艾默森曾说："没有抱负，你将无所追求。不努力工作，你将一事无成。回报不会自动送到你手上，而需要你去努力赢得它。知道怎么做的人能一直找到工作，而同时也知道为什么做的人就会成为自己的老板。"在竞争激烈的今天，如果没有工作雄心，就没有卓越的成就；反之，如果在工作中有了雄心勃勃的愿望，不仅可以创造出非凡的能力，还能够提供激励他人的能量与灵感。

雄心对于成功而言固然重要，但你也不要被雄心蒙蔽了双眼，更不能够被雄心牵着鼻子走。如果你能驾驭自己的雄心，那么这种自主的行为就能够将你推向事业的巅峰；如果你被雄心牵着走，那么它就可能将你推下悬崖，甚至是地狱。只有那些对自己的雄心有节制却又不泯灭的人，才有机会获得最后的成功。

★ 海蚯蚓 ★

面对重压，义无反顾地做自己该做的事

【动物故事】

海蚯蚓是蚯蚓家族中不起眼的一员，生活在密不透风的泥沙里，每天只能靠咀嚼泥沙度日。

曾经，有动物嘲笑它："你活得太悲惨了！在混浊的泥沙里，你永远也无法吃到山珍海味，多么遗憾呀！"可是海蚯蚓一笑置之，虽然吃不到美味佳肴，但它能够从泥沙中汲取营养丰富的有机物和氧气。环境是有些恶劣，但是一边吸氧一边享受生活，不也挺好吗？

在那种恶劣的环境里，海蚯蚓从来都没抱怨过。它每天的食量非常大，它的肚子就像是填不满的无底洞。那些嘲笑它的动物不知道，海蚯蚓用了不到两年的时间，竟然将一片1000多平方米、深度达半米的海滩整个翻了一遍。

【动物启示录】

生活在泥沙中的海蚯蚓，其所承受的"压力"是可想而知的。没有光明，没有新鲜的空气，更没有诱人的美食。但是，海蚯蚓却用自己的毅力一刻不停地努力着、奋进着。"即使是泥沙，也要嚼出营养。"面对困难、挑战恶劣环境，这就是海蚯蚓们所传递给我们的最有价值的信息。

海蚯蚓尽情地享受"压力"，坚持不懈地做自己该做的事，汲取有价值的东西。与之相比，现实中的很多人却逊色得多，他们的工作条件和物质生活十分优越，但他们不懂得如何去创造辉煌，只是不断地抱怨生活的不公："为什么上司不干那些活儿却拿得比我们多？""唉！谁让我没有一点儿关系呢？"或者"为什么每天都给我分那么多的活儿？小刘不是也闲着的吗？"经常把类似的话挂在嘴边的人都是不敢面对生活的压力的。这些人只要在工作中遇到了一点儿挫折，他们就会喋喋不休："我实在忍受不了这份工作了，一点儿乐趣都没有。"总之，有压力的工作对他们来说就是一种折磨，自然很难在工作中干出业绩来，更别说取得更大的成功了。

其实，一个人不管在什么时候、走到哪里，总要面对挫折。如果选择逃避和挑剔，那么最终就会被压力压垮。与其这样，不如选择用一颗平常心去看待，在享受压力的同时，尽自己最大的努力去创造条件，从而改善自己的生存环境。

压力是一种阻碍，但同时也可以成为驱动力。压力就像是“泥沙”，只要咀嚼出其中的营养，你的人生就会越来越丰富，生存的技能也会越来越高，距离成功也会越来越近。如果你还在为周围的“泥沙”而苦恼，就看看威廉·科贝特当年在军营中学习的过程吧，相信会带给你触动。

科贝特从每天只拿6便士薪水的时候就开始学习语法了。当时，他在军队中服役，生活条件并不好，他的学习环境就是那张简陋的床铺，写字台则是在自己的膝盖上放置一个书包。在寒冷的冬夜，为了读书，他只能够借助火堆发出的微弱光亮，即便是这样的机会，也只有在值班的时候才能够拥有。科贝特也希望自己能够在宿舍里看书，但他无法忍受那些粗鲁野蛮的室友，他们经常会对他开一些低俗的玩笑，冲着他吹起刺耳的口哨，甚至发出叫骂声。

科贝特每周都要从军队发给自己的零花钱中拿出两便士，用来买学习的必备品。有一次，他从市场买回书本后，口袋里只剩下了半个便士，既少又珍贵，科贝特决定第二天用这仅有的半个便士买一条鱼。

那一天晚上，他饿得头脑发晕，可是当他把衣服脱下的时候，竟然发现那珍贵的半个便士不见了，可怜的科贝特像是被五雷轰了顶，他把头埋进了发霉的床单和毛毯中，像孩子一样伤心地号啕大哭。

生活如此窘迫，但科贝特仍然努力地寻找着属于自己的幸福，在贫困的条件下汲取知识的养分，坚定地追求成功。最后，他从一个穷苦的小士兵最终成为一个最受欢迎的人物。

在如此贫苦的现实中，科贝特都能够像海蚯蚓一样冲出重压，认真地享受生活。那么，此刻的你又怎能为自己所处的环境而抱怨，甚至想要选择放弃呢？只要多一点执著，多一点无谓，那么所有的“万难”终究都是“纸老虎”。

★ 斗鸡 ★

即使伤痕累累也绝不言败

【动物故事】

斗鸡天生就喜欢互相打架，在汉朝的时候，就有人将斗鸡游戏当成一种娱乐活动。

要想在争斗中取得胜利，必须要有永不言败的气势。有一次，一只斗鸡在赛场上跟另外一只斗鸡打斗起来了，采用的斗技是高头大咬，它把头昂得很高，气宇轩昂，仿佛冠军已经是它的囊中之物。但是，对手也毫不示弱，它采用的是平头平身打法，这样的姿态不太好看，但也有一定的攻击性。就这样，它与对手你啄我踩、你扫我踏、你来我往，霎时间杀得天昏地暗、鸡毛乱飞。

经过一番艰难的争斗，它和对手的身上遍体鳞伤，不过为了赢得比赛，它们丝毫没有把这些伤痕放在心中。在主人的呐喊声中，它的斗劲儿更足了，它凭借着自己打腿的准、重、快，一直将对方逼得退无可退，直到对方最终败下阵来。

【动物启示录】

无论面对什么样的对手，都要时刻保持斗志，尽心竭力去拼搏。永不言败是走向成功的动力，很多时候，成功往往属于那些在绝望时能再来一局、再干一次、再击一拳、再拼一回的人，成功与失败的距离只差一线，只要咬着牙，坚韧不拔地坚持下来，你就可能是最终的胜利者。

如果你渴望成为一个成功的人，那么你首先就要在心里记住一句话：永远不要向失败低头。一般来说，成功的人都具有不服输的心态，这种心态在他人或是外在环境因素的刺激下能够焕发出惊人的斗志。

每个人在成功的道路上都不是一帆风顺的，当你遇到挫折和困难时，请铭记来自亨利·福特充满智慧的名言："失败只不过是一次重新开始的机会，它能让你更理智地利用这次机会。"更重要的是，当你失败时，你的下一步行动就决定了你以后的成功与失败。

要知道，当你在失意的时候，只要能够换个角度看世态，将绝望看作是下一次希望的开始，也许就能发现机会就在你失意的拐角处等着你。

毕维斯原本是个极为优秀的播音员，但是有一天，因为他与老板发生口角而被老板一气之下解雇了。当时，他的心情相当沮丧，一回到家中，便一言不发，将自己关在房间中。

一个小时过去了，他却满脸笑容地走了出来，并十分开心地对妻子说："亲爱的，我终于有了一个自立门户的机会了！"

第二天，毕维斯就自信地走了出去，并迅速地成立了一家自己的传播公司。

不久后，他凭借自己幽默的主持风格，制作了一个"风趣人物"的节目，并亲自主持。从那时开始，毕维斯就成为了美国电视荧屏上的风云人物，取得了巨大的辉煌成绩。后来，毕维斯还将自己的这段奋斗过程撰写成了一本激励人心的书籍——《是的，你能》。在书中，他这样写道："每一次的挫折后面都隐藏着无限的机会，只要你能积极地站起来，就能够看到前面希望的曙光。"

那些最终走出困境的成功者都是被困难无数次地击倒后还仍旧积极进取的人。毕维斯在失意后，及时消除了内心种种消极的情绪，看到了困境背后所隐藏着的曙光，才让自己迅速地走出了困境的状态。所以，在现实生活中，当你身处绝境的时候，一定要转变心态，不要将自我禁锢在眼前的困苦中，要看到危机后所隐藏着的时机，努力重新开始。当你看到希望在未来展现时，便能够抓住信念的圣火，赢来匪夷所思的转机。

而相反，如果你在失败后就心灰意冷，或者怨天尤人、听天由命，是永远不会成功的。成功者必须以激情与耐心继续前进，他们坚信自己的希望在前方，前面会有好的机会或生活在等着他们，这是一种积极向上的信念。

众所周知，海伦·凯勒双目失明而且耳聋，但是她却在这样的困境下学会了读书、写字，并且成为了一位卓越的作家；斯蒂芬·霍金是个神经系统失调的人，这使得他的说话能力受到严重的影响，并且把他禁锢在了轮椅上。然而，他在理论物理方面所做的工作却成为当代解释宇宙的最重要的理论。他们在身体上都有难以逾越的障碍，但他们最终成功了，因为他们拥有顽强的斗志，有如同斗鸡一样的习性。如果他们只顾抱怨自身的不幸，那么除了日渐衰老和迟钝以外，则一事无成。试想，如果斗鸡失去了斗争的习性，那么它们还能被称之为“斗鸡”吗？

任何人在踏上各行各业的征途时，首先遇到的不是成功，而是能够经受得住失败。从某种意义上来说，这一点决定了其今后的一生。那些伟人身上表现出的不因为他人的奚落而放弃自我、不因为残缺和失败而放弃奋进的可贵品格，正是你要学习的精神力量。

作为生活中平凡的一员，只要你走在奋斗的道路上，挫折和失败是不可避免的，如果你不敢挑战它，它就会彻底把你摧垮，甚至把你逼进人生的深渊。这时候，你要做的就是拿出那种永不服输的斗鸡精神而奋力拼搏，因为只有挑战才有生机，只有不畏艰难才有可能见到胜利的曙光。

★螃蟹★

学会适时地“拐弯”

【动物故事】

螃蟹是一种横行的动物，它有10只脚，其中最前面一对是螯，像钳子一样，主要被用来捕获食物和御敌，其他的8只脚都是负责行走的。这8只脚中，每只脚上都长了7个关节，它们只能左右弯曲，而不能前后弯曲，所以它们只能横着走路，并且就算是遇到了障碍物，也不会马上转弯。

因此，每当螃蟹走在路上，眼视前方，想要到达目标，可是脚却不听使唤，只能离目标越来越远。虽然螃蟹横行霸道，但它们活得并不如意，因为，即使美味的食物就在它们眼前，它们也不能走上前去捕捉。最让它们迷惑不解的是自己明明在往前走，可是为什么却离目标会越来越远呢？螃蟹一定不知道，其实是自己行走的路线错了，只要及时地调整一下方向，侧着走，总会达到目标。

【动物启示录】

小时候我们骑自行车，摔跤最多的就是在拐弯的时候，因为拐弯时最容易摔下来。而一旦学会了拐弯，骑起车来就更加自如了。其实，不只是骑自行车要学会拐弯，我们要想更快地达到自己的目标，实现自己的梦想，也要学会“拐弯”，像螃蟹那样只知道勇往直前，显然只是在做无用功。

拐弯是清醒的舍弃。既然拐弯了，原来的一些东西就必然要舍弃，比如，在人生道路上，当我们选择从军保卫国家的时候，就要舍弃与爱人在花前月下约会的浪漫、舍弃与亲人经常团聚的机会。在很多时候，我们就是因为舍弃才能得到更多美好的东西。当我们换一个角度去选择，我们就会得到意外的收获。

陈晨曾在一家小公司做业务员，为了谋求更好的发展，他到一家大型合资企业参加面试。这家公司的待遇较高，发展空间又大，所有的应聘者削尖了脑袋都想挤进这家公司，其中也不乏一些经验丰富的销售精英。在高手如林的职场竞争中，如何才能脱颖而出呢？陈晨思前想后，决定在简历上玩点儿“伎俩”，以此来吸引面试官的眼球。

应聘那天，陈晨将自己的简历递给面试官。负责招聘的人事部经理看了陈晨的简历，发现与其他的简历不太一样，上面不但有他的工作经历及业绩，另外还单列一栏介绍自己的缺点：性格急躁、做事固执等。

人事部经理颇为困惑，就问陈晨：“你为什么这么直白？怎么连缺点也不加掩饰地写在上面？难道你不怕暴露短处而遭拒绝吗？”

然而，陈晨非常坦然而又真诚地回答道：“没有任何人是完美的，我也一样。我想，让用人单位了解我的缺点甚至比知道我的优点更重要。而且，也只有不回避自己缺点的人才会有决心和勇气改掉。”

听了陈晨的回答，人事部经理非常满意，就爽快地对他说：“好，我非常欣赏你不回避缺点的勇气，再说我们公司也正需要像你这样的人才，那么这事就算定下来了，下周一准时来公司报到吧。”

拐弯是理智的选择，更是勇敢的创新。原来的道路走不通，需要重新开辟新的蹊径；原有的思路卡壳了，需要重新开启新的智慧。在必要的舍弃中更新和发展自我、勇敢地摒弃原有的意见和主张，才能更快地达到自己的目标。

我们身处这个多变的世界，处处都是岔道口，有时你不免彷徨。那么，面对那些突如其来的无奈，你该怎么办呢？你应该想到：学会拐弯。当你失意了，不必苦闷也不必气馁，静心地对自己的过去重新思考一下，从那条不适合你的路拐回来，如此，相信会有一条更宽更阔的路等着你去远征。

不管怎样，“学会拐弯”就意味着永不松懈；永不松懈、永不放弃，意味着在困境中重新崛起。

★鬣狗★

团队的力量可以战胜一切

【动物故事】

鬣狗长得并不大，大约只有80~150厘米长，它们前腿短、后腿长，走路一颠一颠的，像个瘸子。它们的爪子很锋利，牙齿发达，很多动物都惧怕它们。可要真正比战斗力，狮子明显要占据上风，但是当狮子遇到鬣狗的时候却要绕道而行，这主要是因为鬣狗是群居动物，它们非常擅长群体作战。所以，当狮子遇到鬣狗群时，必须先退让几分。

有一天，一头年轻的狮子恰巧遇上了一群鬣狗，它一直以为自己就是草原之王，于是它傲慢地大吼一声。它认为自己这一吼定会把小动物都吓跑，可是当这群鬣狗听到狮子的吼声后便蜂拥而上，有的左右晃动，有的钻入狮子的腹下，有的去咬狮子的脖颈，还有的去抓狮子的脊背。狮子虽然凶猛，但面对这么一群凶猛的鬣狗，即使自己再多一张嘴与一双利爪也无济于事。

不一会儿，狮子便被咬得皮开肉绽、鲜血直流。鬣狗们闻到新鲜血液的味道之后更触动了它们的欲望，于是，这群凶残的家伙们便把狮子给吃掉了。

【动物启示录】

鬣狗和狮子相比显然是弱者。但是，它们懂得利用团队的力量联合起来一致对外，在残酷的环境中为自己谋得生存之机。当内部的力量不足时，它们还会与其他动物结成“同盟”，相互之间进行“优势互补”，共同防范强敌。

一个人的力量毕竟是有限的。俗话说，一双筷子可以将其折断，但一把筷子就很难将它们折断。任何人想要有所作为，都必须注重团队的力量，并且知道如何让团队发挥出最大的效用，只有大家同谋共筹、齐心协力，才能够获得成功。

我们在日常工作中会看到某些员工工作非常努力，但是往往却得不到好的成绩，这主要是因为这些员工虽然很努力，但却没有团队合作精神。

在如今这个时代，团队精神已经越来越被企业看重。在工作中，那些习惯单打独斗的人已经越来越不受到欢迎，因为一家企业要想发展，不能只靠一个人的力量，必须让企业里的所有人互相合作，这就需要团队精神，可以说，团队力量是企业的灵魂。

美国通用电气公司连续3年被美国《财富》杂志评为“最为大众推崇的企业”。这个“最受推崇的企业”需要什么样的员工呢？通用电气（中国）有限公司人力资源总监刘蓉在接受记者采访时说：“我们需要那些在某一些方面有天赋的员工，但我们更需要的是员工们的团队精神。”

微软中国研发中心总经理张湘辉博士也曾经说过：“如果一个人是天才，但其团队精神比较差，这样的人我们不会要。中国IT业有很多年轻聪明的天才，但团队精神不够，所以每个简单的程序都能编得很好，但编大型程序就不行了。美国微软在开发WindowsXP时有500名工程师奋斗了两年，有5000万行编码。微软需要协调不同类型、不同性格的人员共同奋斗，缺乏领军型人才、缺乏合作精神是难以成功的。”

的确，如果一个企业的员工没有团队精神，虽然在短时间里它不会倒闭，但从长远来看，这样的企业一定不是个成功的企业，而在这样的企业里工作的员工也都算不上是真正优秀的员工。

没有团队精神的企业不可能成功，没有团队意识的员工也不可能受到企业的欢迎。随着企业规模的日益庞大，企业内部的分工也越来越细，这就更加说明了一个人的力量不可能对企业大局产生影响，但只要企业里的每一个人都拥有团队合作精神，那么这样的力量就是惊人的。因此，作为领导者，无论是指挥工作还是进行管理，都要重视员工的团队合作精神，并根据员工的特长和才能将其安排到合适的岗位上，这样才能使整体发挥出最大的力量，从而更有利于企业的发展。

★ 蟋蟀 ★

三分天注定，七分靠打拼

【动物故事】

蟋蟀通常被人们称之为“蛐蛐儿”，它们生性孤僻，而且善鸣好斗。它们要想拥有一块属于自己的地盘，就必须跟处于这块地盘上的其他蟋蟀咬斗。

当然，除了地盘之外，雄蟋蟀们还经常会为了美丽的雌蟋蟀而与其他的雄蟋蟀打斗。

有一天，两只雄蟋蟀同时爱上了一位雌蟋蟀，两人决定“比武争妻”，谁赢了，谁就获得了对那只雌蟋蟀的占有权。于是，一场打斗开始了，它们先是竖起翅膀鸣叫了一番，以壮声威，接着便头对头，各自张开了钳子一样的大口相互对咬。

两只雄蟋蟀都很威猛，凶猛的气势不相上下，这时候，一只雄蟋蟀有些急了，除了用口咬以外，还使出了自己的脚，用足狠狠地踢对方。它与对手进退滚打了5个回合，终于对方有些抵抗不住了，甘拜下风，灰溜溜地逃走了，而它则高竖起双翅，以示庆祝胜利，其喜悦之情溢于言表。

【动物启示录】

不管是为了捍卫领土，还是为了争抢异性，蟋蟀都会勇敢拼杀。有句话说，三分天注定，七分靠打拼。只有奋力拼搏才能够登上成功的顶峰。世间万物本就是相通的，蟋蟀如此，何况是人呢？

弱肉强食是动物世界的规则，胜者为王是现实社会的真实写照。只要生活在这个世界上，就要面对竞争，不管是动物还是人类。如果一个人不去主动地选择自己的前途、安排自己的生活，不去努力、不去争取，那么机会是不会自动跑到他面前的，而他的机会也会被别人抢走。这是时代赋于人类的要求，也是生存的法则。

从某种程度上说，蟋蟀的好斗与人类的生存竞争在生存的需要方面是一样的。为此，不管竞争是否公平，不管竞争的过程多么艰难，你都应当像一只好斗的蟋蟀，因为爱拼才会赢。

生活中蕴涵着无数的机遇。你要靠拼搏才能抓住这些机遇，只有拼，才有赢的希望。如果你想获得机遇，就不要害怕困难。机遇是拼出来的，不要期待机遇自己降临。要改变自己的命运，就要努力拼搏。

当巴西著名球星贝利在足坛上初露锋芒时，记者问他："你哪一个球踢得最好？"他回答说："下一个！"当他在足坛上大红大紫，成为世界著名球王，已踢进1000个球后，记者又问他同样的问题，他仍然回答："下一个！"

在事业上大凡有所建树的人都同贝利一样有着不断拼搏的精神。一个人只有不断地拼搏才能不断地实现自己的人生价值，在这方面，无数成功者为我们树立了光辉的典范。

很多人都是埋怨自己家境不好，自己家里没有钱、自己没受过良好的教育。面对这一残酷的事实，认命是无能的妥协，抱怨也无济于事，唯一的出路就是通过拼搏去改变它。如果从出身无法选择这个角度来说，人生似乎就是一种不可捉摸、等待命运安排的戏剧，许多人在这场等待命运安排的戏剧中扮演了悲剧的角色。

所幸的是，出身并不决定一切，出身不同固然会对一个人的成长和发展有所影响，但二者并不画等号。综观古今中外的成功者，截然相反的例子可谓比比皆是，优越者失败、贫寒者成功并不是什么稀罕的现象，而造成这一现象的原因不是命运，而是拼搏使然，那些无数在逆境中成功的先例不正验证了一首歌中唱的“三分天注定，七分靠打拼”所蕴涵的哲理吗？

★ 骡子 ★

专注才是竞争力

【动物故事】

骡子是马和驴杂交而生的后代，它们属于杂种牲畜，所以它们经常遭受到其他动物的歧视。虽然它们出身不好，但它们不会埋怨，它们只是任劳任怨地做着每一件事。

骡子跟马和驴的性情不一样，骡驹比较勇敢，不怕与野兽搏斗，尤其喜欢日出、日落时撒欢狂跑。而且，它们的好奇心很强，遇到新奇事物，总喜欢凑上前去看热闹。

如果是公驴与母马杂交而生的马骡，那么它们的个头就会比较大，而且力量大，耐力也很强。

虽说骡子的脾气急躁了点儿，却很聪明，还很能善解人意。它们没有生育能力，却拥有驴和马所没有的优点，比如它们拥有驴的负重能力和抵抗能力、马的灵活性和奔跑能力。骡子更出色的一点就是能做马和驴不能胜任的工作，特别是它们对工作专注的态度可以保持10年到20年。

【动物启示录】

虽然骡子的出身不好，但它们却靠自己对工作的专注赢得了别人的认可。世界上有许多没有超群的才智和天赋的人却最终取得了巨大的成功。他们的成功秘诀只有一个，那就是专注。所以，你在追求成功的过程中一旦确立了自己的目标，就要专注于它，因为人的精力毕竟是有限的，真正的赢家会将自身的精、气、神集中于一个目标，这样才更容易成功。

有人曾问爱迪生："成功的第一要素是什么？"爱迪生如此这样回答："能够将你身体与心智的能量锲而不舍地运用在同一个问题上而不会厌倦的能力……每个人整天都在做事，假如你早上7点起床，晚上10点睡觉，你就做了整整15个小时的事。对于绝大多数人而言，他们肯定是在做一些事情，而我则是每天只做一件。"

订书钉是我们工作中经常用的工具，然而你在使用的过程中有没有想过，上百张纸摞在一起，连异常锋利的刀也极不容易一次性地穿过，而那些又短又细、看起来一点儿也不坚硬的订书钉居然能够一下子穿透那厚厚的一摞纸，其主要原因就在于订书钉是将所有的力量都用在了两个点上，从而能够集中精力去达到目标。

如果一个人非常努力，只想将所有的事情都做好，那他最终只会一事无成。要在有限的生命中完成辉煌的事业，就必须要有所选择、有所坚持、有所放弃，集中全部的精力专注地去做一件事情。

在现实生活中，有些人看起来很聪明，他们整日忙忙碌碌，能够同时做很多事情，给人的感觉是非常能干，但是到最后，这些人并不能真正做成什么事情；相反，一些看上去能力一般、没什么出众才能的人却能够成就一番伟大的事业，这都是因为他们能专注于自己的目标，内心从不彷徨，也不迟疑，集中精力奋斗到底。

如果一个人围着一件事情去转，到最后世界可能都会围着你转；但是一个人围着全世界去转，最终全世界可能会将他抛弃。在前进的道路中，一切浅尝辄止、见异思迁者的内心都是迷惘的，最终也收获不到成功的果实，只有当你准确地选择好属于自己的“一件事”，并全身心地投入到那“一件事”中，不轻易放弃，也不轻易改变前进的方向，只有这样，最终才可能会有所收获。

企业也是如此，许多企业家认为专注就是吃亏，就是不想发展自己最拿手的领域，他们总是看着别人碗里的饭香，而对专注带来的好处、对自己已经成为业内的代表品牌所蕴涵的巨大价值认识不清，于是纷纷多元化，结果没等被对手打败，自己先乱了阵脚，而这样做的结果恰恰为专注的追赶者提供了超越的机会。

一个人可以没有学历，没有工作经验，但只要有一项特长、一处与众不同的地方，就可能得到社会的承认，就能获得别人无法获得的东西。可是在我们身边，许多人往往走入了误区，他们认为，多才多艺就可以多一条生路，于是他们忙着考各种各样的证书，证书弄了一大堆，忙着做各种各样的工作，但几年之后还是没有做出什么成绩来，原因是他们分散了时间和精力，没有专注于某一件事情，结果事与愿违。

现实社会中，很多人都是这样，拥有多种技能，但由于是蜻蜓点水，钻研不深，反而不如拥有一项专长的人受青睐。专注于一件事情，尽力把它做到无可挑剔，你就能比技能虽多但无专长的人更容易获得成功。

★ 蜘蛛 ★

一切只不过是从头再来

【动物故事】

蜘蛛长有8只脚，它们最大的本事就是吐丝和结网。它们结出的网，连世界上最伟大的科学家都无法想象，因为蜘蛛的丝直径细小，仅有约0.0000005厘米那么粗，也就是说要用400根蜘蛛丝组合在一起，才如人的一根头发那么粗。

这么细小的丝怎么能困住猎物呢？那是因为蜘蛛网上的丝比较密，而且还具有一点儿黏性，只要那些小动物一撞上它们的网，就会被它们的网给粘住，最终丧命于蜘蛛的利牙之下。

其实，蜘蛛最伟大之处是它们的永不放弃的精神，它们从来不会为自己辛苦织成的网被破坏掉而气恼，即使被破坏无数次，它们也会重新织。

14世纪时，苏格兰国王布鲁斯被英格兰军队打败，只得躲在一所不易被发现的山洞里。当他正带着失望与悲哀躺在草床上的时候，看到一只小蜘蛛在结网，他就把那张网破坏掉，蜘蛛再织，他再破坏。一连6次，蜘蛛都没罢休，当它第7次把网结成后，布鲁斯感动了，他看到了蜘蛛，联想到了自己。于是，他重新站起来重整部队，结果真的反败为胜。

【动物启示录】

有句话说："不要为打翻的牛奶哭泣。"告诉我们这样一个道理：当你遭遇了失败的时候，若是一直哭泣、一直沉浸在自责和痛苦中，只会让自己更加悲伤，甚至丧失斗志，而那杯已经打翻的牛奶也永远不可能再重新回到杯子里。面对生命中的一些失败和打击，你不要抱怨客观因素，要学会从错误中得到刻骨铭心的教训，然后忘记错误，重新开始。要做到这一点并不难，只要你具备足够的勇气，因为失败和挫折如同屋子里的尘埃，只要你轻轻一掸，就可以拥有一个清净亮丽的开始。

其实，天底下没有永远不幸的人，当你遇到挫折和失败的时候，不要一味地抱怨、后悔、自责，而是要总结经验和教训。在工作和生活中，谁都可能会做出愚蠢或者失策的行为，不同的是，有些人选择改正错误继续前行，有些人则沉浸于失败的痛苦中自怨自艾、悲观失望。诚然，遭遇了巨大的打击之后，要重新振作需要巨大的勇气，有些人事先没有做好心理准备，因此当失败降临之后，他们便乱了方寸，除了抱怨和痛苦，不知该如何是好。

人生的成功秘诀之一就在于如何面对失败。有些人将失败看做是毁灭与灾难，于是他们的前一次失败就已经为自己种下了下一次失败的种子，因此他们是真正的失败者。还有一些人把失败看作是一种恩赐和机会，他们每一次的失败就增加了下一次成功的机会。

失败并不可怕，可怕的是自断中间那根支撑的脊梁，再没有挺起之意。只有屡败屡战，你的斗志才会一次比一次更强大；如果你能愈战愈勇，你的信心就会一次比一次更坚定。

作为开国皇帝，和李世民、朱元璋相比，刘邦在军事上的才略着实相去甚远。但刘邦屡战屡败、屡败屡战，为后世树立了值得称颂的典范。

刘邦曾数败于项羽，而且打败仗不但丢脸，还很危险。有一次在敌兵的追逼之下，刘邦差点儿丢了性命，还有一次是由于别人替死才幸免于难。鸿门宴上，若不是项羽大发妇人之仁，一缕阴魂早已飘落黄泉。在楚汉相争的动荡年代，刘邦留给人们的印象就是一直在挨打，一直在逃跑。在项羽巨大身影的笼罩下，刘邦是那样的卑弱可怜。

然而，积极豁达的心态使刘邦承受住了屡战屡败的打击。他不但没有消沉气馁、一蹶不振，失败后带来的耻辱反而激起了他更大的斗志。死亡的威胁与对手的挑战把刘邦的潜能最大限度地激发了出来。正是在与强敌的殊死较量中，刘邦才成功地实现了自我超越，最终经历垓下一战，夺下了江山。

“人生下来不是为了被打败。一个人可以被毁灭，但不可以被打败。”刘邦多像海明威笔下那个同大海搏斗的倔犟老者。作为大汉王朝的缔造者，刘邦对汉民族的形成与发展作出了不可磨灭的重大贡献，以屡败屡战的不屈意志给后人留下了宝贵的精神财富。

心理学上把不怕失败、愈挫愈强的心理变化规律称作“奋起效应”。毫无疑问，刘邦就是一个奋起效应的成功典型。顺风好走路，逆水难行船，多少人在一下子摔倒之后便再也爬不起来。在这个时候，你何不学习一下蜘蛛，一切只不过是从头再来。

★ 跳蚤 ★

坚持就能够超越

【动物故事】

它是一只身长不足两毫米的跳蚤，体重不到十几毫克，可它能跳到十几厘米，甚至是 20 多厘米的高度。

它的这身功夫不是与生俱来的，它也曾经付出了很多。

起初，它只能跳七八厘米左右，很多同伴嘲笑它：“你现在这样子根本不配叫跳蚤，真是太丢脸了。”但是，它却十分不服气，一下、两下、三下……它不停地跳着，每天反复地坚持着，最后它终于能够跳到十几厘米的高度了，它的水平已经和那些嘲笑自己的同伴们差不多了。

可是，跳蚤并不满足，也没有扬扬得意，它仍旧不停地跳，而且预定的目标一次比一次高，最后它终于跳到了20多厘米的高度。

【动物启示录】

世间万事，贵在坚持。铁杵磨成针，功到自然成，世间很少有一蹴而就的事，即便有也只是极少数。但是，如果每个人都能够像跳蚤练习跳跃那样，保持一种不服输的态度和一种坚持不懈的毅力，就一定能够获得成功。

世界上有许多困难的事，这些事对人的意志是一个考验，而很多人都是遇到困难就会选择放弃或逃避，比如，有谈恋爱经不起对方考验而分道扬镳的；有文学爱好者投稿几次不中就放弃努力的；有长跑比赛时中途落后而跑不到终点的；有在单位工作得不到领导提拔而跳槽的……这些人往往把事情看得过于简单，没有做好充分的思想准备，所以一遇到挫折就悲观失望、打退堂鼓。也有些人尽管知道事情不怎么好办，但仍估计不足，在自己做了多次努力之后仍没有攻克难关，便泄气不再坚持而放弃努力，使以往的辛苦付诸东流。

世界上，成功和胜利的机会往往在人的坚持下才能获得，倘若你不能突破意志的上限就不可能成功。当你投了99份稿件之后仍没有被采用，在希望即将破灭时，应当奋力再拼一次、再坚持一下，最终或许能获得希望。当你参加自学考试5次都未通过，当你已绝望时，请你鼓起劲头，总结前5次的经验教训，继续复习，坚持再考一次。当你在某都市住了一个月之后产品推销不出去，你已绝望，决定回厂时，不要急，请再坚持3天，再跑10个单位，争取毫不遗憾地离开这座城市。

年轻人总是抱有许多梦想，这是一件好事，如果没有梦想就无法进步。然而，梦想归梦想，想要梦想变为现实，还需要踏实地去做、始终如一地坚持。因此，你要学会合理安排好自己的生活，减少不必要的负担，让自己专注于一件最重要的事情上，然后持之以恒。

王文京是用友软件股份有限公司的董事，他用自己的行动阐释了“坚持就是胜利”的道理。王文京仅用了十几年的时间就将个人身价发展到了高达数十亿元，他一手缔造的用友软件成了中国财务软件的佼佼者。每次说到自己的成功，王文京总是这样说：“一生只做一件事。专注、坚持。”他说，“经营企业和做很多事情一样，总要把最基本的东西做好，一次、两次不够，贵在坚持。不论现在的起点是高还是低，规模是大还是小，重要的是要去做。每个企业都是从小发展起来的，认准了方向，把握机会坚持下去，就一定能有大作为。”正是依靠着这种踏实专注的精神坚持努力，王文京才使得自己的公司取得了不错的成绩。

企业无法像跳蚤那样，纵身一跳就超过自己身高的几百倍。但是，只要踏实地经营，一步一个脚印地往前走，就一定能够成功。对于个人来说也是同样的道理。

曾经，法国马赛有一名警官，为了追捕一名奸杀女童的罪犯，他查了高达几十米的档案，走遍了四大洲，打了30多万次电话，调查范围达80多万平方公里。那些年，他把所有的精力都放在追捕罪犯上，即便两任妻子都和他离了婚，他也没有放弃。

历经了52年的追捕，他终于将罪犯绳之以法。当他用手铐铐住凶手的时候，他已经是73岁的老人了。有人问他，为了追捕罪犯舍弃了家庭，到底值不值得？他说：“一个人一生只要坚持干好一件事，这辈子就没白活。”

“一生只做一件事”听起来似乎很简单，但若是真正坚持干好一件有意义、有价值的事情却没那么容易。麦哲伦一生致力于研究，证明了“地球是圆的”；达尔文忙碌了一辈子，发现了“人类是由猿进化来的”；曹雪芹用尽一生心血创造了《红楼梦》……他们心无旁骛，用毕生的精力干好一件事，因而成为了历史上的伟人而名垂千古。跳蚤跳得再高，也需要不断地坚持，否则就只能变成“爬蚤”。

不管你现在在做着什么工作、发展怎样的事业，也不管你是否已经获得了成功还是默默无闻，都请你用心去做好这件事，并始终如一地坚持下去。只要坚持，终有一天你也可以超越自我，迎来崭新的人生。

★ 海豚 ★

掌握信息就能够赢得机会

【动物故事】

1871 年的一天，帆船“布里尼尔号”行经新西兰科克海峡时，天气骤变，于是船只被困在了海峡中整整一天，眼看灭顶之灾就要来临，船长有些绝望，他就在胸前画着十字，祈祷着奇迹的发生。

突然间，他的眼前一亮，一条银灰色的海豚从惊涛中跃起，不时地回头张望，好像在说：“跟我来，我能够带你冲出迷途、摆脱死神。”绝望的船长像是在夜航中看到了“灯塔”，他立即下令跟随着海豚前进。海豚在前面左拐右拐，最终把“布里尼尔号”领出了恐怖之地。

从此，这条海豚便成了船只的导航，它总是在海峡附近徘徊，每逢船只到来的时候，它就会跃出水面，表示出对人类的欢迎，并带领那些船只绕过暗礁、躲过湍流,让人们摆脱危难,人们给它起了一个名字叫“杰克”,后来,杰克一直做义务导航员,一做就是40年,直到1912年悄然逝去。人们为了表达对杰克的感激和留恋之情,在海中找到了杰克的遗体,给它盖上国旗,又在新西兰的首都惠灵顿为它造了一座纪念碑,上面写着:天才领航员杰克。

为什么人们在海上迷路的时候,杰克能够成功地带领船只走出困境?很多人对此都感到不解,后来他们才知道,原来,海豚的头部有一个“超声波发生器”——气囊,位于呼吸孔和呼吸道中间。当海豚吸入的空气跑进气囊时,就会引起瓣膜振动,发出超声波。当超声波的信号遭到阻碍时,产生的回波就会被海豚的耳部和头部的其他部位接收,海豚便以此来辨定目标。这听起来似乎挺复杂,可对于海豚而言不过是一种本能而已,就像人的眼睛接收到的物体的信号输送到大脑中一样——分析外界的信息来辨别方向。

【动物启示录】

海豚能够在茫茫的大海中灵活地躲开危险,最终引领人们走出困境,一方面源于它拥有特殊的身体构造,另一方面源于一种行动的力量——不断地发出超声波,能够接收并分析信息,进而做出正确的判断。与之相似的是,现代社会是一个信息社会,谁能够像海豚一样掌握信息,谁就能够取得成功。

现代商场中流行一句话:“想要生意好,必须信息广。”一条珍贵的信息可以让一个穷人变成富翁,一条信息也可以让一家濒临倒闭的企业成功地东山再起……可以说,信息是企业经营的命脉和无形的财富,谁拥有信息并善于利用,谁就可以取得成功。

有一个故事揭示了世界旅馆大王、美国巨富威尔逊发达的历程,“二战”结束后，忧郁的威尔逊靠做一些小生意赚了一笔钱，所以就决定用这笔钱做地皮生意。当时，做这一行的人并不多，因为战后人们的生活并不富裕，因此地皮的价格也不高。威尔逊的家人和朋友听说他要干这种不赚钱的生意，纷纷表示反对，可是，威尔逊却认为这是一条别人不易发现的“信息”——美国因为连年的战争导致其经济不景气，但美国是战胜国，它的经济很快就会发展起来，而且地皮的价格也会逐渐上涨。

威尔逊看中了市郊一块很大却没有人要的地皮，这块地皮地势低洼，无法耕种，也无法建造房屋，所以一直都无人问津。然而，威尔逊却买下了这块荒凉之地，他认为美国的经济很快就会繁荣，而且城市人口会逐渐增多，市区必定会不断扩大，现在这块无人问津的地皮在日后一定会成为“黄金宝地”。

事情正如威尔逊所想的那样：3 年之后，由于城市人口骤增，市区的经济迅速发展起来，马路一直修到了威尔逊那块地的边上。这时，许多人才发现此地的风景很美，辽阔的密西西比河从它旁边蜿蜒而过，大河的两岸杨柳成荫，非常适合消夏避暑，于是这块地皮的价格迅速倍增，很多商人都争相以高价购买，但威尔逊并不急于出手。后来，威尔逊在这块地皮上盖起了一座汽车旅馆，取名“假日旅馆”。由于地理位置好、交通便利，开业后游客不断，生意非常好。此后，威尔逊的“假日旅馆”不断地出现在美国及世界各地，他也因此获得了事业上的成功。

从威尔逊成功的历程中不难发现：只要你留意身边的事物和细微之处，就能够捕捉到有价值的信息。信息就是市场，信息就是助你成功的秘籍。信息是一种无形的资源，却可以变成有形的财富。捕捉到了好的信息，在经营生意时就能够做到“你无我有，你有我变；你变我新，你新我强”，从而提升自己的应变能力，使自己在经营上始终立于不败之地。

★ 麻雀 ★

没有沟通，就无法壮大

【动物启示录】

麻雀是生活在我们身边的一种鸟类，它们的生命力极其顽强，每到冬季，其他鸟都飞到南方去了，但它们依然活跃在北方寒冷的天地里。

它们很容易满足，对居住条件一点儿都不计较，只要能取暖，只要能遮风避雨就行了。麻雀喜欢和人类在一起，它们跟人类一样，喜欢相互间的沟通。

一天，一只小麻雀看到一户人家的阳台上放着一瓶奶，那瓶奶的奶瓶口没有被封上，于是那只麻雀很容易就能吃到凝固在奶瓶上的奶油。后来，那户人家将瓶子用锡箔纸封起来，防止鸟类来偷食，但是没用多长时间，那只麻雀就学会了用嘴把奶瓶上的锡箔纸啄开，继续吃它喜爱吃的奶油皮，并且这只麻雀还把这种方法告诉了它认识的所有麻雀。

【动物启示录】

对于某一物种来说，想要发扬光大、想要生生不息，最好的办法就是学会向麻雀那样进行集体的沟通和交流。可以说，每一个成功者都是良好的沟通者，有逻辑、有条理地表达自己、表达理念是非常重要的。

美国的一份调查指出，80%的企业能获取成功，要归功于10%的顶尖销售员。而这10%的销售员全部都有良好的口才，这显示出一个人的说话技巧是多么重要。即使你有最强的工作能力，如果没有良好的表达技巧，你也很难成功。

世界上没有任何一个人不需要讲话、不需要沟通，而人与人之间沟通，最方便的途径就是用言语交流。人们通过出色的语言表达，可以增加朋友之间的交情，也可以使陌生人产生好感，可以让互相有分歧的人互相理解，可以使互相仇恨的人化干戈为玉帛。

可以说，说话不仅仅是一门学问，还是你赢得事业的资本。所以，如果一个人拥有了好的沟通力，就等于拥有了辉煌的前程。

现实社会中，有好人缘的人都有强大的沟通力，如何在与人交往中一言一行恰到好处，让自己大受欢迎，这就是人生的一门艺术。所以，提高自身的沟通力是获得财富的必须要求，若能做到以下几点，你就不会因为缺乏沟通力而丢失机会。

首先，在沟通之前必须知道对方的需求。只有知道了对方的需求，你才能进行有针对性的沟通，这样的沟通才更具有意义。

其次，说话的语气、用词以及说话人的表情都决定着沟通力的强弱。表达的方式更关系着一个人的工作是否顺利。无论从事什么工作，都无法避免同事间的竞争以及人事上的复杂纠葛，这时，沟通就成了化解危机的不二法门。

其实，企业里 70%的问题都是由于人们沟通不成功或者不去沟通造成的。你如果能进行有效的沟通，就可以适当地表达自己，充分展现出自己的优点。可以说，如果你的沟通能力强，那么你就可以在实现人生目标的路上少走很多弯路。

★红灶鸟★

执著的追求

【动物故事】

红灶鸟最近在忙着搭建自己的新巢。红灶鸟心里很清楚，在鸟类的世界里，它们居住的鸟巢是最为复杂的，就像一个灶炉一样。对于它们来说，要建造一个鸟巢要付出艰辛的努力才行，不仅费时而且又费力。它们首先要准备所有制造鸟巢的原料，比如牛粪、干草、树叶等，然后将它们混合在一起，制作成比较均匀的小泥丸。在制作好之后，再将它们从远处叼到树干上，从底部做起，衔接编织堆砌成巢。要做到这些，需要花费很长的时间，一般情况下，一周之内只做一个巢底，鸟巢基本建成需要约两个月的时间。巢建好以后，它们会将巢分成两个单间，里面一间准备给未来的宝宝做婴儿室，外面一间则是休息室，也可以作为会客室。婴儿室和休息室之间有一道栅栏，因为它们担心幼鸟会翻出鸟巢掉出去，就连红灶鸟也感叹自己想得竟然如此周到。

鸟巢搭建好以后，还需要做一个多月的收尾工作。虽然这时候红灶鸟都很疲惫，但是它们却很清楚：如果现在停下来就前功尽弃了。不管还有多少困难，不管自己多么辛苦，它们也要坚持把巢搭建完善。

【动物启示录】

明明知道建巢艰辛劳苦，需要耗费大量的时间和精力，可红灶鸟却依然不辞辛劳地频繁往返，把一颗颗小泥丸叼来，慢慢地垒砌房屋。这主要是因为它们的内心始终有一个目标，那就是一定要把巢建好。其实，在我们前进的道路上也需要有这种执著的精神，只有这样才能让你心无旁骛地去实现自己的目标。

相传，古希腊的大哲学家苏格拉底曾经教学生们甩手，并要求他们每天做 300 下。一个月之后，有 90%的同学都在坚持；两个月后，只有 80%的同学在坚持……一年之后，苏格拉底再问哪些同学还在坚持甩手，只有一个同学举起了手，这个人就是柏拉图。我们不是哲学家，也不必做甩手的运动，但是我们应该明白一点：不管在生活中做什么事情，想要成功，就必须要有一份执著的精神。

有个人经常出差，但有时却买不到坐票。然而，不管路途长短，不管车上多么拥挤，他最后总是能够给自己找到座位。他用的方法很简单，就是耐心地从第一节车厢开始，一节一节地寻找。这个办法听起来不太高明，但的确很管用。每一次，他总是做好从第一节车厢走到最后一节车厢的准备，可是每次他都用不着走到最后就可以发现空位，因为整个列车上像他这样锲而不舍地找座位的乘客实在不多，经常是在他落座的车厢里有一些剩余的座位，而在其他车厢的过道和车厢接头处却挤满了人。

他说："很多人都被一两节车厢拥挤的表面现象迷惑住了，却不去想列车在这么多次的停靠中，旅客从火车的十几个车门上上下下，一定蕴藏着不少提供座位的机会。就算他们想到了这一点，也可能懒得去寻找。有时候，眼前有一小块能够立足的地方就已经能够让很多人觉得满足了，如果为了找座位而带着行李走来走去，不仅非常麻烦，还可能会导致座位没找到，结果连个能好好站着的地方都没有了。所以，这些不愿意主动去找座位的乘客一般都是在上车后就马上找个落脚之处，然后就一直站到下车。"

在列车上，因为害怕麻烦，害怕失去现在站着的一席之地，就放弃了寻找座位。仔细想想，这与安于现状、不思进取、害怕失败不是一样的道理吗？如果一直抱着这样的想法，那就只能够一直停留在没有成功的起点上，找不到成功的起点。成功源自信心、执著和实践，拥有了这些，你就能够握住一张人生之旅永远的坐票，在奋斗的路上畅通无阻。

其实，生活中有很多东西都需要你去执著地追求：一份美好的爱情如果少了执著的追求就不可能开花结果；一份辉煌的事业如果少了执著的追求，就永远只能是幻想，而无法变为现实。当你的心中有了一份信念时，接下来就要像红灶鸟那样坚持、努力，在辛苦付出的同时更要坚定一种信念，那就是只要不放弃就一定可以成功。自己的人生终究要靠自己的双手来打造，只有靠着执著的追求获得了真实的成功，你的成功才会被历史永远记住。

★海笔★

大树底下好乘凉

【动物故事】

海笔是海中最低等的动物，它们生于海，长于海，但是却不会游泳，那它如何生存下去呢？海笔有自己的生存方式：立于海水流动的地方吸收养分。

在大海里，海笔是弱者，同时，它们又是很多鱼儿最可口的脆嫩食物，鱼儿对它们都垂涎三尺。所以，海笔随时都面临着死亡的困境，因为它们不会游泳，所以它们只能坐以待毙。

有一天，一群海鱼发现了海笔，便兴奋地向它们游过去，眼看着海笔就要到手了，海鱼们欢快地翻腾着，样子很是激动。就在这时，海笔身上发出一股强光，把海鱼们照射得清清楚楚。还没等海鱼们明白是怎么回事，几条大白鲨就游了过来，猛扑上去就将那些海鱼儿吞掉了。

原来，海笔和大白鲨有个默契的协议：海笔用身体上的发光本能来照亮前来偷食的鱼儿们，然后由躲在身后的鲨鱼们准时出来，把海笔的敌人们干掉。

就这样，海笔和鲨鱼通过配合，一个得到了安全，一个得到了食物，真是两全其美。

【动物启示录】

海笔非常弱小，如果单靠它自己的力量根本无法在海里存活，但它很聪明地找到了鲨鱼这么一棵大树。一个人想干点儿事很不容易，总会有一些意想不到的难题在等着你，找个合适的人来协作，找个强大的人来帮你，有时候就会使很多困难都迎刃而解。

微软的壮大，是巧妙地靠对了一棵“大树”。在微软还是一家规模较小的公司时，比尔·盖茨成功地抓住了与 IBM 进行软件合作的机会，从而靠上了 IBM 这棵“大树”。

在我们的生活中，最常见的背靠大树“好赚钱”的合作模式，就是指要成为某一品牌的代理商，借着品牌的优势来获得成功。

强势的品牌代表着好的质量、好的功能、好的效果和好的服务，等等，其浓缩了一切，集中和代表了一切，它让消费者在购买时放心，它向消费者预售了好产品或好的服务，是一种更高效的销售方法。而当你成为这个品牌的代理商，就没有必要担心产品的质量及其他的问题，即相当于背靠着大树赚钱。

很多都市人都可能光顾过“宜家”家居，但并不是每个人都能留意到在“宜家”来来往往的人流中，其实蕴藏着丰富的商机。

上海“宜家”家居旁边的小店的经营者们却有着敏锐的观察力。一年前，上海“宜家”家居商场附近还是冷冷清清，基本上没有什么像样的商铺；而现在，许多小店的橱窗里琳琅满目的商品吸引着人们的目光，人来人往，生意兴隆。这些小店之所以能有这么好的生意，很大程度上就是因为聪明的店主们懂得“大树底下好乘凉”的道理，从“宜家”吸引来的人流中分到了一杯羹。做生意是这样，我们要追求成功也是如此，只有多去交往那些比你更加出色的人，你才能更快地取得成功。

★ 骷髅蛾 ★

通过“模仿”吃到蜂蜜

【动物故事】

骷髅蛾是生活在欧洲的一种昆虫，长相丑陋，但很具灵性，因背部长有类似骷髅状花纹而得名。骷髅蛾跟人类一样，喜欢吃蜂蜜，可它自己却没有酿蜜的本事，这可怎么办呢？既然自己不会酿造，那么最便捷的办法就是“偷食”。

要进入蜂房绝非是件容易的事，蜜蜂王国里的人都有着各自明确的分工，还有站岗的工蜂，绝不允许其他动物随意地进出。骷髅蛾当然也知道这一点，但是为了吃到香甜可口的蜂蜜，它想尽了办法，还会运用《孙子兵法》中“瞒天过海”的绝招。

一天，一只骷髅蛾在飞入蜂房时发现了站岗的工蜂，这时，它便用头上的触须和口腔在一起摩擦，发出“呜呜”的声音。这个声音听起来和蜂王分娩时的声音非常相似，可怜的工蜂只会听声音，不会辨模样，于是，骷髅蛾发出的这种声音让工蜂产生了错觉，它以为是“自己人”来了。此时，贪婪的骷髅蛾就大模大样地飞进了蜂房，然后美美地吃下了很多蜂蜜。接着，它又用同样的方法离开蜂房，连声“谢谢”也不说，就扬长而去。

【动物启示录】

骷髅蛾依靠“瞒天过海”的策略，不仅成功吃到了蜂蜜，而且还安然地撤退了。它能够大摇大摆地进出蜂房，成功地隐瞒自己的身份，靠的就是那“呜呜”的声音。它清楚，只要它能够成功地模仿蜂王的声音，就可以吃到香甜的蜂蜜。当然，模仿也是需要胆识的，如果说骷髅蛾冒着生命危险而模仿是为了偷食，那么人类也可以通过模仿促使自己走向成功。

沃尔玛百货的创始人山姆·沃尔玛说：“其实我做的每件事的方法都是从别处学来的。”潜能开发权威安东·罗宾说：“在我看来，模仿是通往卓越的快捷方式。如果我看见有人做出令人羡慕的成就，那么我只要愿意付出时间和努力，也一样可以得到相同的结果。”

这些成功之人的话告诉我们，有时候，要想解决问题或者获得成功，都是要从模仿开始的。通过模仿，不仅可以使你少走弯路，还可以将别人“失败的教训”变成自己的“成功经验”。

现在很多企业都在不断地提倡创新有多么重要，却从来没有人提出模仿的重要性。而事实上，我们有 99%以上的知识都是靠模仿别人得来的。没有模仿，就根本不可能创新；不懂得模仿，也肯定不懂得创新。创新几乎无一例外地建立在原有的模仿基础上，不去模仿，创新就没有根基；不首先进行模仿，创新一定是盲目的。模仿是一条安全而高效的捷径，这是鼓励模仿的最大理由。

当今世界上，最成功的模仿者应首推日本。令人目眩的日本经济背后是什么？是日本人善于创新吗？也许有一些吧，但是如果你翻开过去 30 年的工业历史，就会发现很少有重大的新产品或尖端的科技发源于日本。日本人只不过借鉴了美国人的点子和商品，从汽车到半导体的一切东西，再加以巧妙的模仿，只保留精华，改进其余部分。

一位日本人为了学习美国的生产技术，只身来到了美国，并要求以很低的工资进入了他竞争对手的公司里，几年以后，这个日本人学到了他想要的东西之后就消失了。不久之后，那家美国公司的生产技术出现在日本。

要想卓越模仿，你必须去观察别人的每一个细节和不断地质疑，并找出获取成功的因素。如果有人能够临危不乱，你从他处世的态度和方法去学习，就能比以前更沉着。如果有一对夫妇在结婚 30 载之后依然一往情深，你就可以找出他们的相处之道，然后将其运用到自己的婚姻中来，如此就能得到相同的结果。如果有一个人能一直保持好的身材，你通过看他平时吃什么、做什么，就能学习到一些保持好身材之道。

所以，当你发现好的想法或是经验的时候，可以试着借鉴，然后融入自己的一些创新，将其变成自己的东西，但前提条件是要结合自己的实际情况，不能够机械地生搬硬套，既要模仿，又要有创新。解决问题的秘诀，关键在于你是否能正确地使用别人的方法，如果依葫芦画瓢，结果只会弄巧成拙。成功的模仿要针对具体问题，灵活地选取前人的经验。与此同时，更不能一味地模仿，要在模仿中追求创新，这是一条行之有效的获取成功的快捷方式。

★蟹★

摆脱束缚，就能够超越自我

【动物故事】

这是一种生活在大西洋深海中的一种蟹，它们和其他的同伴一样，身上长有甲壳，那是它们的外骨骼。每次和敌人作战的时候，它们就如同披上了盔甲一般，再配上那两个锐利无比、高高擎起的大螯，显得威风凛凛，总会令敌人望而生畏。

虽然它们的“盔甲”让它们得到了保护，但这个甲壳一经分泌形成就定型了，以后不再长大，更重要的是甲壳会束缚它们内部器官的生长发育，这令它们感到异常痛苦。

为了让自己变得更强大，蟹选择了“蜕旧换新”，蜕壳的确是件痛苦的事，在蜕壳的前几天里，它们情绪暴躁，忽而摇动着触角，忽而又爬来爬去，有时候，同类的一句话也会激怒它们。慢慢地，它们感觉自己的肢体在膨胀，甲壳和表皮已经分离，里面的肉体也从背面中央的裂缝慢慢钻出来，触角、口器和脚也相继离体，露出洁白而娇嫩的裸体。

它们已经赤身裸体了，这个时候它们非常脆弱，已经完全丧失了抵抗的能力，生理上也失去了常态，但只要它们在洞里休养两天，就会发现自己变得更加强壮了，身上还有了新的“战袍”，到那时，它们发现自己全身都是力量，如果这个时候它们遇到更强大的敌人，也有信心与对手一搏。

【动物启示录】

蟹想要成长，就必须承受住蜕壳的痛苦，同样，面对社会的竞争、对手的攻击，我们只有不断强大自己，才能够实现“适者生存”的目标。必要的时候，我们还必须除故纳新，在痛苦中磨炼自己。也许不为其他，只为证明自己有这个能力而已。

哈佛大学著名心理学教授威廉·詹姆斯曾说：“生活中的成功并非取决于我们与别人相比做得如何，而是取决于我们所做的与我们所能够做到的相比如何。一个成功的人总是与自己竞赛，不断创造新的纪录、不断改善与提高。”不能否认，每个人心中都有一幅蓝图，心理学上称它为“自我意象”，即指一个人的心理和精神上的观念。然而，这种自我意象也和蟹身上的那层甲壳一样，能够对人产生有利的影响，也能产生不好的影响。

自我意象可以让人的感情、行为、才能永远与自我意象相一致，它在很大程度上决定着一个人的个性与行为。你把自己想象成什么样的人，你就会按照这样的标准去努力。

因此，如果一个人把自己想象成“失败型的人”，他就会下意识地走向失败，即便他有很好的愿望甚至有很好的机遇也无法改变他的命运。相反，如果一个人把自己想象成“成功型的人”，那么他的所思所想都会以成功为指引。所以，只有像蟹那样不断地超越自我意象，才能够使自己不断地成长，最终变得强大。

2004 年 5 月的一个晚上，一位“半身人”用双手撑着地，一步步地走上了青岛天泰体育场的主席台，台下 12000 余名听众给予了他雷鸣般的掌声。这个半身人来自澳大利亚，名叫约翰·库提斯，他生来就没有下肢，但他却依靠着双掌走遍了全世界 190 多个国家和地区，被人誉为“世界上最著名的残疾人演讲大师”。另外，他也是全大洋洲残疾人网球赛的冠军，游泳健将,他甚至可以用两只手开车。

库提斯在台上和大家打了招呼，接着他说道:“从一出生，我就是个悲剧。出生时我只有可乐罐子那么大,两腿畸形,医生断言我活不过当天,可是,我活到了现在。35 岁的我依然健在,而且去了世界上很多地方……”库提斯一口气讲了半个小时,台下的观众不停地为他鼓掌。

最后,库提斯举起了手里的一件东西,他说:“非常感谢青岛朋友的热情款待,我住的宾馆条件很好,但是有一样东西却让我不知所措,可服务生每天都会把它放在我的床头。”说完,库提斯把他手里的东西扔向了听众席,原来是一双一次性拖鞋。

听众席顿时一片肃静。

库提斯在台上大声地说:“如果你能穿拖鞋的话,你就是幸运的!你没有资格抱怨,因为这个世界上不是每个人都能够穿拖鞋!”

库提斯说完这句话后，听众席中立即爆发出一连串的喝彩声和长久的掌声。

一个人要想成长,就必须挣脱各种束缚,从而超越自我、战胜自我。毫无疑问,库提斯是个敢于超越自我的人。但是,生活中像他这样的人并不多,许多人都生活在自己编织的笼子里,久而久之甚至丧失了“蜕壳而出”的想法。

人生最重要的、最艰难的并非是超越别人,而是超越自己。只有那些敢于挑战自我、超越自我的人,才能够使自己变得更强大。想要获得成功,就要像蟹蜕壳那般,不断地让自己朝着更好的方向去努力。只要你能突破自我,超越一切束缚,那么你就会成为生活中的强者。

★螳螂★

捕食的秘诀就是抓住眼前的机会

【动物故事】

螳螂是肉食类昆虫，它们有着酷似镰刀的双足，它们的脖子又长又软，十分漂亮，它们的头顶上还有一对绿色的大眼睛。虽然它们的眼睛不能转动，但它们长有一对复眼，足以让它们“眼观六路”。

螳螂捕获猎物的速度非常快，如果像苍蝇一类的虫子在它们身边出现，它们都能快速地发现它们。但是，当它们发现这些“美食”以后，它们是不会动的。待苍蝇放松了警惕以后，它们便会挥舞自己那双举世无双的“大镰刀”，毫不犹豫地向苍蝇砍去。它们的速度之快，让苍蝇根本无法闪躲。就这样，苍蝇便成为了它们的美食。

【动物启示录】

苍蝇的反应很灵敏，但它却逃脱不了螳螂的“魔掌”，主要是因为螳螂善于抓住眼前的机会。当螳螂刚发现苍蝇时，它会一动不动，让敌人放松警惕。一旦捕捉的时机到来，它会毫不犹豫，把它一下子抓住。这给了我们很深的启示：当机遇没有来临的时候，我们要学会耐心地等待，一旦机会来临就不要迟疑，要快速地、紧紧地抓住它并利用它，用尽全力争取成功。

卡耐基曾说：“当机会呈现在眼前时，若能牢牢掌握，十之八九都可以获得成功；而能克服偶发事件并且替自己找寻机会的人，更可以 100%地获得胜利。”的确，一个人想要获得成功，必须善于发现机会和创造机会。

如果机会降临时一无所知，就会与其失之交臂而悔之晚矣。正如螳螂捕食一样，如果它没有抓住有利的时机积极行动，就不会有美食主动送到它的“镰刀”之下。做人也应当像螳螂一样，不要轻易放弃任何一个机会，很多人之所以能够获得成功，都是因为他们抓住了机遇。

肖桐是一名华籍留学生，毕业后在美国一家研究所工作。一天，研究室的主任让肖桐看一份规划报告，并让他看后呈送给所长。肖桐认真地看了一遍报告之后发现其中有很大的问题，如果依照这份报告行事的话，肯定会失败。随后，他大胆地向所长反映了自己的看法，所长说：“既然他做得不行，那么你就重新做一份行的给我吧！”肖桐回去后，连忙着手做新的规划报告。第二天，肖桐将自己的报告呈递给所长，所长非常满意。一个月后，原来的研究室主任被解雇，肖桐接任了他的职务。

肖桐的经历告诉我们：要成功，就要学会抓住机会。如果不抓住机会表现自己，那就很难得到发展的机会。当然，很多时候，机会跟危险是同时并存的，如果不敢冒险，就只能平庸地度过一生。

现实中，很多机会都会“乔装打扮”，以问题甚至是难题的形式出现，因此，对于某一种重要问题的解决就为成功提供了良机。身在现代社会中，我们应当善于在问题中发现机会，为自己创造成功的机会。

宋太宗时期，朝廷里发生了“潘杨之案”。“潘杨”指的就是潘仁美和杨延昭，一个是开国功臣、堂堂的国舅，另一个则是镇边大帅、世代忠良。在当时，两个人都犯了大罪，但是却没有人敢审他们。

这个案子可谓是个烫手的山芋，谁也不敢接，谁也不愿接，生怕给自己招惹麻烦，弄不好的话，轻则发配边疆，重则性命不保。不过，当时在晋阳县做县令的寇准却看准了这是个机会，如果能够把此案办好，就有望被提升为南太御史甚至是当朝宰相，于是，在众人避之不及的时候，寇准果断地接下了这个案子，并且实事求是地进行公正的判决，最终得到了宋太宗的信任和赏识，被升为宰相。

寇准再一次证实了一个真理，尽管棘手，但他还是冒险把机会抓在手里，最终从一个小小的县令成为一朝宰相。不过，在抓住机会的时候，也别忘记注意一下背后的东西。螳螂虽是捕食高手，但“螳螂捕蝉，黄雀在后”的古训大家也有所耳闻。因此，在准备抓住机会的同时也不要忘记谨慎处世，决不能因小失大。

★ 黑卷尾 ★

能战胜老鹰，一切有赖果敢的行动

【动物故事】

黑卷尾又名黑黎鸡，全身上下都是黑色的，背部和胸部长着蓝色的羽毛，光亮无比。它的尾巴很长，而且是叉开的，尾羽的末端微微地向上卷曲；而它的喙、脚、趾统统都是黑色的。黑卷尾个头虽然不大，但很勇敢，它不惧怕其他的鸟类，即便是老鹰前来挑衅，它也会让它吃尽苦头。

曾经有一只老鹰侵入了一只黑卷尾的巢区，黑卷尾在当时没有丝毫的恐惧和犹豫，而是呼唤雌鸟双双出战。两只鸟一同冲上云霄，然后又俯冲而下，用有力的翅膀击打着老鹰。这个时候，其他鸟类也冲上来帮忙，死盯着老鹰的尾部，用尖钩的利喙猛地向它啄去。老鹰受到前后夹击，首尾难顾，最后只好狼狈而逃。

黑卷尾就是这样，做事果断，只要认定对方会侵害自己的利益，便勇敢地冲上前去，夺回属于自己的东西。

【动物启示录】

黑卷尾之所以能够战胜老鹰，全在于它能果敢地行动。它不会因为对方是强者而放弃斗争的勇气，无论遇到任何困难和挫折，它都是坚决和勇敢的。而对于我们来说，要成就一番事业就需要这股力量，如果迟疑不定、犹豫不决，那么再多的机会也会溜走。

其实很多人都有自己的人生目标，他们之所以迟迟不能取得成功，是因为他们不能立即行动，总是优柔寡断、犹豫不决，等他们决定出击的时候，往往已经错过了时机。最后他们只会说："如果当时我那样做，肯定就不会是现在这样了，可是我先这样做，又会出现什么样的问题呢？"这种瞻前顾后的思维使他们停滞不前。在这样的情况下，即使上帝给他们 100 次成功的机会，他们也抓不住。要想取得成就，就必须立即采取行动，而且不做则已，一旦行动就一定要有个结果，不要因为犹豫不决而浪费时间。

只有行动才能有成功的可能，不管你这次行动是否成功，但只要你行动了，一些意想不到的机会就会降临到你的头上。

20 世纪 80 年代，在湖南召开了电炊具订货会，当时只有 24 家有关生产炊具的企业参加，实力稍逊一筹的厂家只有广东湛江家用电器公司，其余 23 家均为实力雄厚的大厂家。面对如此强大的竞争对手，湛江家用电器公司没有急于在订货会上展示自己的产品，而是先看看其他 23 家展出的产品。

结果发现，这 23 家企业的产品各有所长，但品种单一、规格不齐，于是，该公司迅速组织几名技术人员顶风冒雪，悄悄地到附近农村去实地考察，却发现了意外的机会，相关技术人员发现那里因为水电资源非常丰富，几乎家家都连上了电，而且电费相当便宜。农民不仅需要电饭锅，而且要兼做炒菜、烧水、取暖、煮猪食用的电饭锅，同时需要适合小水电资源的系列电炊具，于是几名技术人员立即拿出了系列化的适合当地条件的电炊具设计图纸，公司领导迅速决定按图纸设计赶制样品。一阵紧鼓密锣之后，他们又匆匆赶回订货会场，亮出了自己手中的“王牌”。

最后，该公司以能够提供适合农村电源、品种全、质量优、价格廉的系列电炊具产品而一举囊括了订货会的全部订单，令其他20几个厂家瞠目结舌。

实力较弱的湛江电器公司在当时的订货会上能一枝独秀，关键在于他们注重信息，并能及时地处理信息。他们获得信息后，通过实地调查，分析市场需求的特殊性和普遍性，作出用己之长、制人之短，迎合消费者需求的决策。

试想，如果当时湛江电器公司不果断地行动去调查信息、去生产样品，并迅速在订货会上展出，那他们是不可能赢得市场的。

我们身边有很多人并不一定比别人“会”做，只是很多时候他们“敢”做。想要成功就必须敢于冒险，并做好承担一切结果的心理准备。也许你不是一位知名的企业家，也没有大量的资金可以用来投资，但这并不妨碍你成为一位实干家。大人物有大人物的辉煌，小人物也有小人物的成功，关键要学会他们身上这种果敢的品质，学会当机立断。一味地优柔寡断只会破坏你的自信心和判断力，从而直接导致人生的失败。

那么，如何才能够做到当机立断呢？这就需要你在行动前做好准备，尽快收集各种信息，勤于分析，最终形成一个较为成熟的想法。当然，这个过程不能持续得太长，否则就有可能会错失良机。只有做到心中有数，明确了方向以后，接下来就要付诸行动，马不停蹄地去做。如果做凡事都能延续这样的思路和方法，那你就会胸有成竹，一步一步地迈向成功。

★飞蛾★

出发之前，先看看方向是不是错了

【动物故事】

飞蛾喜欢在夜间活动，特别是有光亮的地方。看到飞蛾，人们很容易想起飞蛾扑火的情景。对于此行为，我们是该赞美它们的勇敢精神，还是赞叹它们寻找光明的勇气呢？其实都不是。

在夜晚，众多的小飞蛾都会死在灯光之下。无论是被烧死，还是被累死，总之它们都死得有些不值、死得有些冤枉。其实，这是因为飞蛾的双眼出现了问题，追根究底，都是月亮惹的祸。

原来飞蛾在夜间飞行是依靠月光判定方向的。飞蛾总是使月光从一个方向投射到它们的眼里，如果它们碰上障碍物，只需再转个弯，月光还会从原来的方向射过来，这样它们就找到了方向，胱对它们来说是一种天文导航。

可是，月亮不是每天都出现，在没有月亮的夜晚，它们只能靠灯光或火烛来辨别方向。如果灯光或烛光离它们太近了，它们就会围着光源飞，最后它们不是被烫死，就是被累死。

其实，它们本不该以月光为导航，月亮太远，有时圆，有时缺，真不知道它们的祖先是怎么想的，会用这种方式来断送子孙们的性命。

【动物启示录】

在茫茫的黑夜里，飞蛾没有选择好自己的飞行目标，结果纷纷死于烛火。在人生的道路上,很多人难道不是跟飞蛾一样吗?

在人生的道路上,前途无法预知,心中很是茫然,是该往东走,还是该往西去?这时,目标是非常重要的,它可成就你的一生,也可毁掉你的一生。

有一位刚刚毕业的大学生到处诉说自己对目前的工作状态不满意,希望能拥有更适合自己的工作,并最终做出一番成就来。但是,他苦恼自己不知道如何才能改善自己目前的状况。

他的一位朋友就问他:“你对未来的规划是什么呢?”

年轻人想了一下,说:“关于这一点,我还从来没有仔细考虑过呢!只是觉得对目前的工作不满意,想换另一种工作去做。”

朋友问道:“你做过的最好的一件事情是什么呢?”随后又接着问他,“你最擅长的是什么?”

年轻人回答道:“不知道。关于这两件事,我也从来没有明确地思考过。”

“假定现在的你必须要自己作一番选择或决定,你想要做些什么呢?”朋友追着问道。

年轻人极为茫然地回答道:“我现在真的说不出来,我真的不知道自己想做些什么。”

朋友笑了,对他说道:“你对你目前的工作状态不满意,只想着换一种工作,你的内心充满了苦闷,就是因为你根本不知道自己能做什么、想做什么,从来没有想过把自己的人生规划一番。如果你现在把刚才的问题考虑一遍,并能为自己制订一个计划出来,那么你就不会到处向他人倾诉苦闷了。”

在人生的道路上,你只有合理地制定出自己的目标,并能按照目标去规划自己的人生,你才能够清楚地知道自己当下该做什么,才不致使自己在半途中停下来，使心中充满困惑或迷惘。

自从我们来到这个世界上，就在不停地赶路，而路时刻就在自己的脚下，不断地向前延伸。只有清晰地知道自己方向的人，才能够在社会中找到自己的位置，才能更清楚地知道自己为何要向那个方向前进。而不清楚知道人生方向的人，则很难找准自己的具体位置，不知道自己在未来要去何方，更不知道自己存在的意义是什么。所以，如果现在你心中充满了困惑或迷茫，那就静下心来思考一下自己人生的大目标是什么，然后再根据大目标列出一些小目标来，这是你摆脱当下迷茫和困惑的最好办法，也是你获得快乐、有意义的人生的前提。只有有了目标以后，才能掌握住人生前进的方向，让你的目标像灯塔一样指引着你向前，才能够取得最大的成功。

莫尔是美国历史上一位优秀的副总统。有一位叫做威尔逊的记者得知，莫尔原来曾是一个小布匹商人，在短短的 10 年之内，他从一个小商人成为了副总统，为什么莫尔能升迁得这么快？于是他带着疑问去拜访了莫尔。

莫尔说："我当时做布匹生意已经很成功了。不过，当我在一本书看到这么一句话：在人生的道路上，如果敢于向高难度的工作挑战，便能够突破自己的人生局限。于是，我跟朋友一起接手了一家濒临破产的银行，就这样，我进入了金融业。我们克服了很多困难后，银行终于慢慢地壮大成长起来了，我最终也成为金融巨头。后来我又向政坛发起了挑战，成为了一名副总统，达到了我人生的巅峰。"

正是因为莫尔的心中有了在金融业大展宏图的目标，才使他取得了一次又一次的成就。

每当你懈怠、懒惰的时候，目标犹如在清晨叫醒你起床的闹钟，将你从睡梦中叫醒；每当你感到疲惫、步子沉重的时候，目标就似沙漠之中的生命绿洲，让你看到希望；每当你遇到挫折、心情沮丧的时候，目标就犹如破晓的朝日，能驱散满天的阴霾。

在目标的驱使下，人们能不断地激励自己，从而获得无穷的力量，焕发出超强的斗志。能执著于自己目标的人是不会被打败的。

所以，如果你不想像飞蛾那样浪费自己的青春和生命，就一定要给自己设定一个明确的目标，这个人生目标会影响甚至决定你以后的生活，一个远大又切实可行的人生目标对你的人生起着很大的作用。

★懒汉鱼★

天下没有一直可以吃的免费午餐

【动物故事】

懒汉鱼是鱼族里非常有名的“懒汉”，它不爱劳动，就连游泳也不愿自己出力气，而是用头顶上的吸盘吸在其他鱼身上，让对方带着它到处旅行。

懒汉鱼特别喜欢鲨鱼，所以，只要遇到鲨鱼，它就会趁鲨鱼不注意的时候偷偷地钻到鲨鱼的肚子底下，把吸盘吸在鲨鱼的肚皮上。

鲨鱼虽然很讨厌它，可是却拿它没有任何办法。就这样，懒汉鱼不用掏钱买票，就搭上了鲨鱼这条“豪华游轮”。鲨鱼游到哪儿，就把它带到哪儿，鲨鱼吃剩的东西也就成了它的美餐。

过了一些日子，懒汉鱼跟鲨鱼跟腻了，便抓住了另一个机会，它又吸到了鲸鱼的身上。不久之后，它又觉得跟腻了，便瞅准时机，又吸到海龟身上。懒汉鱼就这样换来换去，想乘哪条“船”就乘哪条“船”，不出力、不操心、不愁吃、不愁喝，日子过得比神仙还舒服。

海洋里的动物们见懒汉鱼这么懒，都瞧不起它，而懒汉鱼却一点儿也不感到脸红，它说："你们那么勤快，也不见得比我过得好，这说明我具有生存的智慧！"

一天，懒汉鱼正想再换一条"船"乘乘，忽然看见一个自己从来没有见过的东西在眼前晃动，它好奇地想，这玩意儿好新鲜，让我吸上它玩一玩。于是，它离开了海龟，吸到了那个东西的上面。

可是，这回它失算了，那个东西原来是渔民放到海中专门引诱懒汉鱼的。懒汉鱼还没有弄清是怎么回事儿，就被渔民拉到了船上，最终它也为此丢了性命。

【动物启示录】

在生活中，偶然吃免费的午餐是可能的，但如果像懒汉鱼那样把吃免费的午餐当成事业来做是一点儿都不现实的。同样，幸运是会有的，但如果把幸运当成命运就是大错特错了。

世上没有一帆风顺的事业，没有唾手可得的成就。在人生的旅途中，即便要获得一个小小的成就，也要付出艰辛的努力去争取。可以说，在每一个成功人士的背后都隐藏着无数的辛酸，他们的成功都是通过自己不懈的努力拼搏得来的，奋斗就是获取成功的最好诠释。

你应该明白，没有付出就没有收获，懂得了这些，你就不会对失败耿耿于怀，而是重新振奋精神，继续努力，因为天下没有免费的午餐，也没有唾手可得的丰功伟绩。

在现代社会中，优胜劣汰已成为一种竞争规律。尽管你天生聪明过人，但是假如你自己不肯努力，不肯积极奋斗、勤于进取，就无法获取成功。一个有抱负、肯进取的人就好比一颗充满生命活力的种子，无论掉在哪个角落，甚至石缝里面，一旦遇到机会，就能发芽、成长、开花、结果。

许多年前，东方一位聪明的老国王召集聪明的大臣，给了他们一个任务：“各位，我希望你们能收集大家的智慧，写出一本教人成功的书，流传给子孙。”这些聪明的大臣接到任务以后工作了很长一段时间，最后完成了一本12卷的巨作。

国王看了之后说：“各位爱卿，我相信这是古今智慧的结晶，然而，它太厚了，我怕人们读不完，请把它精简一下吧。”

于是，这些聪明的大臣又进行了长期的努力工作，几经删减后，将其变成了一卷书。然而，国王还是认为太长了，又命令他们再浓缩。结果这些聪明的大臣们把一本书浓缩为一章，然后再缩为一页，再变为一段，最后，这本书变成了一句话。聪明的国王看到这句话时很满意：“各位爱卿，这真是古今智慧的结晶，一旦我们国家的人知道这个真理，大部分的问题就可以解决了。”

这句话就是：“天下没有免费的午餐。”它一语道破天机：要获得任何美好的事物都是极为艰难的，都要为之付出相应的代价。要想有所收获，就得有所付出。有耕耘才有收获，有奋斗才有成功。要想花一分的代价去换取十分的回报是永远不可能的。

古人云：“千古艰难唯一饭。”这句话的道理也就在于说明“一粥一饭当思来之不易；半丝半缕恒念物力维艰”。总之，天下没有免费的午餐，更没有唾手可得的收获。

鼠

空想的人终将一事无成

【动物启示录】

一群老鼠住在富翁家里，所以它们一直过着无忧无虑的生活，因为富翁家的粮食堆积如山。

突然有一天，富翁买了一只猫回来。这只猫很厉害，简直就是天生的捕鼠专家，来到富翁家几个月后，老鼠明显减少。对于老鼠来说，它简直就是制造灾难的魔鬼。

如何渡过这个有史以来的大灾难成为了所有老鼠的当务之急。如果不想出一个办法，不仅以后的日子根本没法过，离被灭的日子也不远了。

就这样，一场对付猫的群鼠大会开始了。大会热烈地进行着，但老鼠们只是闲扯着家常，一只上了年纪的老鼠说："现在是说笑的时候吗？如果不赶紧想出一个办法来，我们以后的日子就会很难度过。"

所有的老鼠都不想被猫锐利的牙齿咬断喉咙、吸干血液，于是都赶紧闭上了嘴，安静地想着怎么对付猫。最后，终于有一只老鼠想出了一个办法，那就是在猫睡觉的时候在它的脖子上挂一个铃铛，只要猫出现在它们附近，铃铛就会响，那么它们就可以乘机逃回洞里面去了。

所有的老鼠都同意这个办法，还纷纷称赞想出办法的这只老鼠是多么聪明。这时，一只老鼠胆怯地说："可是谁去把铃铛挂在猫的脖子上呢？弄不好会被吃掉的，我可办不到。"说完之说，热烈的会场立刻寂静无声，大家都在想：这个非常美妙的办法是不错，但是谁去把铃铛挂在猫的脖子上呢？然而，没有一只老鼠回答，因为没有一只老鼠愿意那样做。

【动物启示录】

幻想和空谈都不能解决问题，想出一个好主意容易，但用行动去实现却真的很难。

每个人都应该有自己的理想，尤其是年轻人，但有了理想后，想以“守株待兔”的方式等着理想去实现，无异于期盼天上掉馅饼，是不可能成功的。许多人忙碌半辈子仍然碌碌无为，不是因为他们年轻的时候没理想，只是他们要么处于长期的犹豫之中，迟迟不能为实现理想做出具体行动；要么碰到一点儿困难就退缩、想放弃，这样只会让他们在虚幻中度过自己的一生。所以，在奋斗的过程中，你要永远记住：凡事要脚踏实地去做，不能只耽于空想，不惊于虚声，以实事求是的态度认真踏实地去做，一路向着梦想前进，最终便可以获得更为宝贵的成功。

有一天，一个衣衫褴褛、满身补丁的年轻人走过一所大楼的工地前面，看到一位衣着体面的大老板在指挥现场的工作，他便鼓起勇气向对方请教：“我如何才能像你一样有钱呢？”

这个大老板看到年轻人甚感意外，便低头打量他，问道：“你是做什么的呢？为何如此狼狈？”

年轻人说：“我现在没有工作，只是想利用更多的时间去探究成功人士的成功秘诀，希望这样可以让自己找到成功的捷径。我已经拜访过许多个成功人士了，但是终无所成，内心异常地焦虑，希望你能够告诉我。”

大老板听到此话后哈哈笑了起来，随后就给他讲了一个小故事。

在一个开凿渠道的工地上共有3个工人，第一个整天都懒洋洋地拄着铲子，天天用不屑的口气对其他的两人说自己将来一定要做老板；第二个工人则是天天抱怨工作时间太长、得到的报酬低；而第三个工人从来没抱怨过什么，只顾每天低头努力地挖渠道。

两年以后，第一个工人仍旧在拄着铲子，依然每天都在不停地嚷着自己以后一定要当老板；第二个则找了个借口退休了，从此不再干活了，生活状况当然变得很惨了；而第三个工人最终不仅成了那家公司的大老板，而且还让公司的发展更上一层楼。

最后这位大老板说："年轻人，不要再将自己置于幻想之中了，还是好好埋头苦干吧。"

看到年轻人满脸的疑惑，大老板又看了看四周，回过头来指着那些正在架子上工作的工人，对他说："你看到那些正在干活的人了吗?他们全都是我的工人，我虽然无法记住他们的名字，甚至对很多人都没有印象，但是，你看他们之中，只有那边那个穿红衣服、脸晒得红红的工人以后可能会出人头地。因为我很早就注意到他，他每天都比其他工人早到，而且干活比谁都卖力。"随后，大老板笑着说："我现在要请他过去做我的监工，我相信，从今天开始他会更加卖力工作的，说不定在几个月后就会成为我的得力助手。"

在很多情况下，唯有行动可以改变你的命运。很多人都喜欢痴心妄想，总是只说不干，或者等待着幸运从天上掉下来，或者等待着别人能够拉自己一把，最终招来的只是空虚的焦虑和无尽的失望。

英国著名文学家劳伦斯说："要想成功，在于养成迅速去做的好习惯。只要仔细观察那些成功人士就不难发现，并不是他们的知识、眼光、观念多么出类拔萃，其理想和目标常常和身边的人差不多，只是因为他们能为理想立刻行动起来。"

美国著名成功学大师杰弗逊说："一个人缺乏行动，就证明这个人很难找到人生的突破口。"毫无疑问，那些成功者都是敢于去做的实干家。

美国海岸警卫队有一名厨师，在空余时间，有些同事们经常需要他代写情书。过了一段时间后，他发现自己已经无法离开写作了。这时，他有了一个理想，就是要成为一名作家，并且用两到三年的时间写一部长篇小说。

为了实现心中的梦想，这位厨师开始了积极的行动。每天晚上，他不是在别人编著的书中钻研写作方法，就是在屋子里不停地练习实践。一直坚持了8年，他才第一次在杂志上发表了自己的作品，稿酬也只不过是100美元，而他没有灰心，他相信自己离理想更近了。

从美国海岸警卫队退休以后，他继续为自己的理想不停地写。在接下的几年里，他不仅没赚到多少稿费，反而还欠了别人不少的钱。尽管如此，他仍然相信只要努力就可以实现自己的理想。

又是很多年过去了，终于，他将这本书创作完毕。算了算时间，他为这本书总共花费了整整12年的时间，忍受了常人难以承受的艰难困苦。因为不停地写，他的手指已经变形，他的视力也下降了许多。最终，他成功了。他的小说出版后立刻被全世界的人所接受，仅在美国就发行了160万册精装本和370万册平装本，这位作家的名字叫哈里，他的成名作就是我们今天经常读到的《根》。哈里说："要想取得成功，最好的方法就是努力工作，并且立刻行动，对自己的理想深信不疑。"

哈里的故事揭示了一个很简单的道理：一个人只要为理想付出，他就掌握了向成功迈进的秘诀。工作的能力加上工作的态度决定了报酬和职位，只有那些想好了就立即行动的人才会表现出惊人的工作效率。往往也只有这样的人才能更快地取得成功。

理想，只能在行动后才能实现。只有毫不犹豫地做出行动，为理想的实现创造条件，才是让理想成真的必经之路。所以，想要获得成功的果实，光有想法是完全不够的。想好了就立刻行动，并全力以赴地去做，你才有可能获得最终的成功。

★猴★

讲究效率才是硬道理

【动物启示录】

一只猴子与群猴们生活在森林中，它的年龄尚小，并不知道猴群里的“生存法则”，每次都依靠母亲外出寻到的食物为生。慢慢地，小猴长大了，母亲决定教它自己去摘果子，以独立生存。

小猴跟着母亲学习摘果，它非常聪明，学得也很快，才教了它一遍，它就自己从树上摘下了一个桃子。小猴很高兴，正准备慢慢品尝美味佳肴，不料这个时候母亲突然从它手里抢走了桃子，大口大口地吃了起来，很快一个桃子就被母亲吃掉了。

小猴有些不高兴，对母亲说：“树上有那么多果子，为什么要吃我的？”母猴说：“我是想要告诉你，食物是有限的，如果你发现了食物之后不赶紧吃掉，就会被别人抢走。所以，你要学会‘狼吞虎咽’地去吃东西。”

小猴听懂了母亲的话，随后又说：“可我咀嚼不动怎么办？”母猴说：“没关系，我们的口腔两侧各有一个颊囊，它们就像一个储藏食物的袋子。我让你‘狼吞虎咽’并非是叫你把东西都吞到胃里，只是让你学会把它们变成你自己的东西，你可以把食物暂时存放在颊囊里，等有了空儿或肚子饿的时候再细嚼慢咽。记住，‘狼吞虎咽’不过是一种假象而已，这样做既能够保证不会饿肚子，也不会因为这种吃法而生病。”

【动物启示录】

对于猴子来说,谁在最短的时间内能够吃到更多的食物,谁就不会挨饿,就能够生存下来。至于如何提高吃食的效率,猴子自有它们的武器——颊囊。人在吃饭的时候当然用不着“狼吞虎咽”,但在做事时却应该效仿猴子的行动,谁能在最短的时间内做尽可能多的事情,谁就能够出类拔萃。

本杰明·富兰克林曾说过:“你热爱生命吗?那么就不要浪费时间,因为时间是组成生命的材料。”在社会中立足,效率就是生命,谁能够高效地完成工作,就有机会获得更好的发展,能够换取更多的薪水,这也是人类生存的一条法则。每个人都应当尽可能地提高自己的工作效率,但至于如何提高效率,那就是仁者见仁,智者见智了。毕竟,每个人从事的工作不同,而且各有各的做事风格。但就提高效率的根本而言,无非是掌握节约时间的方法、做事分清主次,许多成功的人无不是在工作中掌握了这一要点。

《世界主义者》月刊的主编海伦·格利布朗总是在自己的办公桌上放一本自己办的杂志,当她受到什么事情的引诱而在消磨自己的时间或是做一些与工作无关的事情时,她总会翻看那本杂志,这样她就能够将注意力转移到工作上来。为了更好地完成工作,她总是在前一天晚上把次日要做的前20项工作写下来,而且在次日工作时会反复看几遍那个单子,然后会给每项工作留出一个专门的时间。这个办法十分奏效,总能够让她顺利地完成各项工作。

很多人都有这样的想法:我必须在今天将所有的事情做完,最晚明天也要做完。结果,在不知不觉中催促自己不停地工作,增加了不必要的压力。特别是那些经商的人,更是把当天的事情处理完当成信条。实际上,即便你处理完今天的事情,还有明天的事情等着你去做,你是不可能轻易处理完的。为此,你不妨试着改变一下,比如你可以试着从打电话开始。

你要知道如何处理别人打给你的电话，因为不是每一个电话都要马上回电不可。有些电话可以在一两天之后给予回复，有些甚至可以等一个礼拜。最后你会发现，有些电话甚至是可以不用回复的。另外，你还可以每天抽出一个小时的时间来应对那些打扰你的电话、临时会议、寻找文件以及其他占据自己宝贵时间的琐碎事，在商业社会中，这些事情不可避免，但又是你很少去留意的麻烦。这就是说，你必须浪费一个小时却没有任何生产效益，不过你可以在这个小时内把这些麻烦解决掉。明确地规划时间，强迫自己正视麻烦的存在，也可以有效地提高效率，减少随之而来的烦恼。

俗话说，万事开头难。要做成一件事，人们总觉得迈出第一步是很困难的，难以下定决心，因此便迟疑不定、犹豫不决，不断地将时间向后推移。推来推去，结果延误了时间，也就等于推迟了成功的到来，这就是低效率产生的一大原因。如果你真的想干成一件事，那么迟迟不见行动是最不可取的，这不仅不能让你实现既定的目标，而且会消磨意志，让你逐渐丧失进取心。如果有什么事情要做，那就立即去做，这是提高效率的关键。

苏珊娜·凯吉尔是一名色彩顾问，她生前为许多知名人士设计过房间和个人服装。为了应付自己时间表上的各种事情，她一直坚持着祖母教给她的那条法则：如果有什么工作要做，那就立即行动。凯吉尔说，很多人都将时间浪费在准备上了，这是不可取的。记住，种树的最佳时间是20年前，仅次于它的最好时间就是现在。

当你面对悬崖峭壁，或许经过100年也看不出一条裂缝。然而，如果用斧凿，能凿一寸进一寸，能凿一尺进一尺，日积月累就能够看到改变，这就是效率。因此，从现在开始，你要努力改变自己的观念和工作方法，如此必能给你带来高效的结果。到那时，你就可以像那只把食物藏进了颊囊的猴子一样，能够随时随地慢慢地享受美好的生活了。

★ 非洲蜂 ★

正是压力造就了卓越的我

【动物故事】

在非洲中部较干旱的地区生活着一种短翅膀、短脖子的巨蜂，它们就是非洲蜂。这种蜂与其他的蜂类不同，它们的体形十分臃肿，但是它们却能够在非洲大草原上连续飞行约250公里，而且它们的飞行高度也是一般的蜂所不能及的。

根据生物学家们的理论，这种体形臃肿而且翅膀短小的蜂的飞行本能应该是最差的，甚至连鸡、鸭都不如。生物学家曾用流体力学来分析，依据非洲蜂的身体与翅膀的比例来看，它们根本不能够起飞，即便将它们扔到天空中去，它们的翅膀也不可能产生承载其肥胖身体的浮力，从而导致它们立即掉下来死去。

但是，事实却证明，这种“非洲蜂”不但能够飞行，而且还是蜂类动物中飞行能力最为强健、飞得最远的物种之一。它们平时只是藏在草丛或者岩石的缝隙中，一旦有了食物后就会立即振翅飞起来。尤其当它们发现自己生活的地区将面临极度干旱的时候，它们就会成群结队地迅速逃离，向一些水草丰富的地方飞行。为什么非洲蜂有如此强的飞行能力？生物学家给出了合理的解释：非洲蜂虽然天资低劣，但它们只有学会极为强健的飞行本领，才能够在气候极为恶劣的非洲大草原中生活下去。简单地说，非洲蜂如若不能飞行，它们面临的处境只有死路一条。

【动物启示录】

非洲蜂的故事告诉了我们什么叫做“置之死地而后生”。非洲蜂虽然天姿低劣，但是却有极强的飞行本领，这让我们相信，对于一个顽强的生命体来说，只有压力才能够产生超强的能力。

据科学研究，人在巨大的压力作用下，身体能够分泌出大量的肾上腺素，这可以大大地激发无尽的潜能，可以促使人跑得更快、跳得更高，力量也会更强，从而做出惊人的壮举。当人处于顺境或轻松的情况下，是不可能突然爆发出这种惊人的潜能与做出惊人的成就的。所以，我们平时的很多成绩都是压力作用下产生的结果。

在很多时候，我们在时间紧迫的情况下，面对着一大堆任务，都会为此而感到焦虑和担忧。但是，如果你能够转变观念，合理地规划时间，这种压力便可以成为提高你工作效率的动力。

一位有名的作家每天都要为杂志社写很多稿子，所以她的压力很大。但是到后来，她发现，自己的这种压力竟然变成了她坚持写作的一种动力。

在很多情况下，她都认为，在规定的时间内创造的文章要比自己在自由散漫的状态下创造的作品要好得多。比如，一个杂志社要她在一周内写出两篇文章，但是在这期间，她可能会去查资料与写作，很是繁忙，但是最终也写不出一篇让人叫绝的文章来。但是如果杂志社领导规定她必须要在一天内完成任务，她反而能够写出一篇精品来，也无须去查资料，极短的时间限制反而能激发出她的灵感。

所以，在很多时候，当她处于“绝境”之中，其效率反而要比以前提高很多。在这种情况下，上级领导对她的要求高了，她的写作水平也自然提高了许多，先前的压力也自然就不存在了。

时间的紧迫原本给那位作家带来了巨大的精神压力，但是，这种压力在她内心引起了巨大的波动，有效地调集了她脑海中所有的思想甚至潜意识的力量去完成工作任务，在这样的情况下，她的写作能力当然会得到有效的提高，这就是心理学上有名的“最后通牒效应”。

其实，我们每个人都是有潜能的，只是在平常的情况下发挥不出来而已，如果你能利用工作中的压力将自己的所有潜能激发出来，那么，压力就会成为你工作中的动力。所以，当你在生活或工作中因为压力而痛苦时，一定要及时地改变自己的观念，不要将压力仅仅看作是你的大敌，而应该将之看成是激发你潜能的“恩人”，那么，你的压力就会转换为一种积极的助你前进的力量，最终让你做出惊人的成绩来。

你所要明白的是，一个勇敢的人是会将压力看成是练就自我毅力的一种难能可贵的机会，生活给你带来的压力越大，就越能够激发出你自身的潜能来，那么你最终就可能成为一个卓越的人。

★ 寒号鸟 ★

懒惰、拖延是人生的大敌

【动物故事】

有一种名为寒号的鸟，这种鸟生得与众不同，它长着4只脚、两只光秃秃的肉翅膀，不能像其他鸟一样任意飞行。

到了夏天，寒号鸟周身长满绚丽的羽毛，样子十分美丽可爱。寒号鸟为此骄傲得不得了，觉得自己是天底下最漂亮的鸟，连鸟中之王凤凰都无法与它相媲美。于是骄傲的寒号鸟整天舒展着羽毛，得意洋洋地唱着赞美自己的歌。

很快，夏天过去了，等到了秋天，所有的鸟都开始忙起来，候鸟成群结队地迁徙到温暖的南方，在那里过冬；留下来的鸟则整天辛勤忙碌，比如寻找过冬的食物、修缮窝巢，总之大家都为过冬做着准备。寒号鸟这时仍然例外，它既没有飞到南方的本领，也不肯辛勤劳动，仍然整日东游西荡，到处炫耀自己漂亮的羽毛。

一阵寒风吹来了严冷的冬天，顿时天寒地冻，所有的鸟儿们都回到自己温暖的巢穴里躲风，而这时的寒号鸟再也骄傲不起来了，它周身的羽毛像树叶一样脱落下来。夜间，被冻得浑身直打哆嗦的它躲在石缝里不停地叫喊："好冷啊，好冷啊！等到天亮，一定造个窝！"可是等到天亮后，太阳出来了，冬日的阳光温暖和煦，照到寒号鸟的身上，它又忘记了昨夜的寒冷，于是不停地唱："得过且过！得过且过！太阳下面暖和！"

寒号鸟就这样一天天混沌地度日，始终没给自己造个窝。终于，在一天寒冷的早晨，人们发现寒号鸟被冻死在了石缝里。

【动物启示录】

与寒号鸟一样，那些只顾眼前、得过且过、从来不作长远打算、不顾自己辛劳去创造生活的人，最终也只会害了自己。

在我们身边，"寒号鸟"式的人并不少见。不论是工作中还是生活中，散乱的衣橱、等待完成的功课、该发出的邮件、该整理的文件……明明有很多事情等着我们去做，却总是安慰自己说："还有时间，明天再做吧！"结果等到了明天，依然不会去做。

我国古代有一首《明日歌》："明日复明日，明日何其多？我生待明日，万事成蹉跎。"诗人正是以通俗流畅的语言、明白如话的句子劝勉人们要珍惜时间，切勿虚度年华、荒废光阴。

的确，明日之后又是明日，这么算下来，明日是何等的多啊！如果事事都等待明日去做，那么人们只会虚度年华、一事无成。明日是无穷无尽的，但人们的年华是会老去的，从早到晚，飞逝过去的时光是永远也找不回来的，这样想来，该是一件多么可怕的事情啊！

从事编辑工作的小王这样描述自己的一天："每天我都告诉自己，打开电脑就要想一想话题、改几篇稿，但就是动不了笔，总是忍不住浏览网页、玩一会儿网络游戏，最后直到傍晚了才去写几个字！"

一位女士自觉身体状态每况愈下，于是办了一张健身卡，告诉自己每天下班都要来健身 1 小时，结果总因为工作忙而借口不去；后来又告诉自己一个星期至少健身一次，可情况依然没什么改善，总是拖到下星期。时间一长，就越来越不想去，直到半年，健身卡已经过期了，她也一次没去过。

像寒号鸟一样，办事拖延的人对所从事的工作、学习或活动缺乏计划性、主动性，如此一来，做事就会一拖再拖，直到最后期限迫近才匆忙赶工，结果搞得自己狼狈不堪，事情也办不利落，于是下决心一定要改掉毛病，结果就连改正毛病的情况也会一拖再拖，最终害苦了自己。

★ 蜣螂 ★

做事有目标、有计划

【动物故事】

蜣螂，又俗称"屎壳郎"，这个"雅号"的由来源自它们食用粪便的天性。不要小看这"自然界的清道夫"，在它们辛劳滚粪球的背后却藏着一颗坚定的心——它们的人生从始至终都是有所规划的。

在产卵之前，屎克螂的爸爸妈妈就已经为了后代的健康成长而有条不紊地忙碌了，因为它们知道自己的能力是有限的。首先，屎壳郎爸爸会挖出一个比自己身体直径还要大些的洞穴，深度大概为20厘米。洞穴的设计很特别，其顶端较为宽敞，这是为了以后方便它们贮存粮食。

接着，屎壳郎夫妇会将大粪团滚成较小的粪团，这样的做法是为了便于运输。忙完这些之后，它们便开始产卵，它们在每个小粪球上生产三四粒卵，有时可能只有一两个。令人称奇的是，屎壳郎很有计划地产卵，而且当卵达到20粒时就很精确地停止，这时就算体内有再多的卵，也不准备生产了。

屎壳郎为什么不多生产一粒呢？原来，这是它们的“计划生育”。小蜣螂生长发育需要丰富的营养，为严格确保每个宝宝都能茁壮成长，屎壳郎夫妇必须按照计划执行。超出了20粒卵，就会影响到其他幼虫的生长，最后可能因为营养缺失，连20个幼虫都保不住。

【动物启示录】

蜣螂夫妇的计划性不得不令人佩服，这同时也在告诉我们人类，不只是动物界，人类也需要活出一个计划的人生。看一看蜣螂的计划始末，你就会明白，只要利用一些策略、方法和技巧，就能让自己的脚步朝着目标有计划地前进。

事实上，自古以来的成功人士都是有目标、有计划的。目标和计划二者相互为用，通过明确的目标和到位的计划，最终合二为一，达到统一和谐。那么，我们该怎样像蜣螂一样，将目标和计划付诸实践呢？

首先，目标要明确。爱迪生说：“如果我们能做出所有我们能做的事情，我们便毫无疑问地会使自己大吃一惊。”在我们的一生中，你一定有对自己较为满意的一面，沿着这条路，加上坚定的信念和从容的规划，并对自己的能力抱着肯定的想法，说不定就能将心智的潜能发挥出来。

其次，当你有了明确的目标之后，就要着手进行规划，一定要建立在科学的基础之上。像蜣螂一样，它们计划自己的能力只能供养 20 个卵，那么雌性蜣螂就一定会生产 20 个卵，一只不多，一只不少。如果在一开始计划错误，多生产出 5 个卵，那么这些新产的幼虫可能活不到成年，就会被饥饿夺取生命。

人生无计划，只会让你陷入一种漂泊的状态之中，你完全像一个浮在空中的人，你不知道自己的脚该落在哪儿，你无法脚踏实地。

一个女孩着手进行小说创作，可在第一天就遇到了瓶颈。原来，她这一天或者赖床，或者购物，或者给朋友打电话，或者发呆，就是一个字没写。这是为什么呢?女孩开始想自己从早晨起床之后的一系列行动，想到这里，她突然想到如果小说里的女孩也这样开始一天的生活的话，要怎么奋斗成功呢?又该怎么吸引读者呢?反思之后，她决定不能再这样漂泊着生活，于是，第二天一早，她将书桌整理干净，把所有的私事搁在一旁，关掉电话，为自己列出一个详尽的计划表，并开始正式投入到写作中。她的计划从此顺利开展，直到完成写作。

克服一切幻想和诱惑，只要给自己制订一个计划，并专心致志地去履行计划，那么你就能够实现目标。

第六章

幸福的法则

每个人都会有烦恼、惆怅和伤心的时候，但我们不能天天需要别人来宽慰，想要让自己活得好，只有学会像蟾蜍那样不在意别人的看法；像瓢虫那样保持积极的心态；像草履虫那样，即使被所有人忘记，也能好好地活着。当你的人生处于磨难的时候，只要你换一种态度，你就能获得幸福。

★蟾蜍★

走自己的路，让别人去说吧

【动物故事】

有一种动物叫蟾蜍，人们喜欢叫它为癞蛤蟆，人们经常用“癞蛤蟆想吃天鹅肉”来形容一些没有自知之明的人。其实，蟾蜍从来没想过要吃什么天鹅肉，那句话也不知是哪个“吃不着葡萄说葡萄酸”的小人说出来的。

蟾蜍和青蛙属于同一个科，但是它的外表却长得极其丑陋，浑身满是疙瘩，像是生了癞疮一样。那些疙瘩里面全是有毒的液体，如果哪个莽撞的家伙想吃它，可能刚咬一下，就会疼得将它吐出来。就算人们见到它，也是像躲瘟神一样地躲着它、厌恶它。所以，我们经常见到有人喜欢吃青蛙的肉，却没听说过哪个人喜欢吃蟾蜍的肉，正因为此，蟾蜍便能很好地生活下来。

不过，对于别人的闲话以及对它的厌恶，它一点儿都不关心。它只想安全自然地活着，活出自己的价值，它在某些方面还高青蛙一筹，如它的药用价值，很早就被应用于医疗上。

【动物启示录】

走自己的路，让别人去说吧。这是蟾蜍的人生信条，也是被世人引用最多的一句格言，一些不被“大家”所理解而苦闷或彷徨的人，都可以从这句话中汲取力量。生活中，每个人都可能会受到误解，特别是一些优秀或与众不同的人，其受到误解的情况就越多，所以，无论你是否被“大家”所看好，都要朝着自己的目标勇敢地坚持下去，不要活在别人的价值观里。

当我们在路上不小心摔了一跤，首先感到的不是疼痛，而是感到没有面子。其实，别人怎么看待你，那是他们的事。也就是说，凡事你只需要尽自己最大的努力就可以了，不需要一辈子活在别人的眼光里。尽管许多事情对你很重要，但是有时候你越在乎别人的感受，情况就可能会越糟糕，所以，无论在任何情况下，你就是你，不必让所有的人都认同自己。

过分在意自己在别人眼中的印象，只会让自己活得很累，甚至会让自己无法喘息。你过分看中别人对你的看法，仿佛自身的一举一动都被众人所关注，因此就会刻意地谨言慎行。但一味地对自己求全责备，以致怕言语伤人而错失好友，就未免过于极端。

人生活在这个世界上，并不是一定要为了他人而活，人活在世界上所追求的应当是自我价值的实现。生活中的我们常常很在意自己在别人的眼里究竟是一个什么样的形象，因此，为了给他人留下一个比较好的印象，我们总是事事谨慎、时时小心，以致到最后让自己失去了坐标，不知该何去何从。

有一种叫做滑板的玩具，人可以站在上面滑行，这种滑板运动速度很快，掌握不好就会摔倒。

其实，在生活中，我们需要与别人交往来体现自己的价值，但如果一味地迎合所有人的欣赏情趣，则会让自己陷入一种不可摆脱的迷惑中。任何一个人都不可能得到所有人的认同，别太在意别人的看法，每一个独立的生命都有其独特的轨迹，无须用他人的价值观来评判自己的价值。

★瓢虫★

以积极的心态面对生活

【动物故事】

瓢虫是一种只有几厘米大小的动物，我们最常见的瓢虫——七星瓢虫长着红红的身子，上面还点缀着7个小黑点，非常可爱。

和很多动物一样，瓢虫没有像人类那样可以用来庇护自身的住宅。在恶劣的天气中，它们也只能默默地忍受。聪明的它们有时候也会把树叶当做自己的保护伞。

按照饮食结构来分，可以将瓢虫分为食肉性和食植物性两种。食肉性的瓢虫以吃一些小害虫为生，所以它是益虫；而食植物性的瓢虫则吃庄稼的叶子，所以它是害虫。

大部分的瓢虫都是食肉性的，它虽然长得小，但是它的食量却很大，在一个月内，它就可以吃掉一万只害虫，不过它的生命只有一个月。当它飞行时，透明的翅膀就会张开，如果它在地上爬行，翅膀便被收回到身体中。

瓢虫是一种积极乐观的动物，不管在它的一生中会发生什么样的事情，它都积极地去面对。如果有人把一只瓢虫的两只翅膀给折断，它不但不会被饿死或被其他动物吃掉，还会坚强地活下去，从来不轻易放弃自己。

【动物启示录】

瓢虫的生命非常短暂，但它却能够活出自己的精彩来，它不仅能够在一个月的时间内繁殖后代，还能吃掉一万只害虫。同时，每次走路，它都会靠边走，从低处往高处爬，它给了我们这样的启示：无论发生什么事情，我们都应该以最好的方式活着，活出最精彩的自己。

每个人在生活中都会遇到很多困难和无奈，从而让许多人失去自信，陷入悲观和无奈之中，甚至选择放弃生命，这是得不偿失的，也是懦弱的表现。无论遇到什么，你都要好好地生存下去，像瓢虫那样以更好的方式生活下去。

你要明白，无论过去发生了什么，都已经过去了，现在最重要的就是要过好当下的生活，不必为过去的失意而浪费时间。在漫漫的时间长河中，人的生命是极其短暂的，只不过是几朝日升日落，几许花开花谢。所以，时间对任何人来说都是极为宝贵的，无论你遇到什么样的困难与挫折，你都要以好的心态继续以后的生活。

安东尼是一个非常倒霉的警察，因为他在一次抢劫事件中不幸中了枪，生命危在旦夕。

但是幸运的是，因为抢救及时，在经过 18 个小时的抢救和几个星期的精心照料后，他居然从医院走了出来，虽然仍有极小一部分的小弹片残留在他的体内。

他的朋友们都说：“当初我们都认为他会离我们而去，没想到他竟然奇迹般地活了下来。”

医生在给他取子弹的时候，曾经问他：“你对什么东西过敏？”

安东尼大声告诉他们：“子弹！”在一片笑声中，他又说道：“我的选择是活下来，请把我当活人来医，我不想死去。”

生活总是会有许多我们意想不到的变数，但有一点不会改变，那就是终有一天我们会离这个世界而去，要想使有限的生命更加有意义，就要珍惜眼前和当下的每一分与每一秒的时间。

聋哑女作家海伦·凯勒曾经说过：“面对阳光，你就永远看不到阴影。”是啊，只要你把窗户打开，让阳光洒进来，在屋里你也能享受到光线的温暖；同样的道理，如果你是一个乐观的人，那么你就可以给你周围的人带去阳光。

“乐观是心中的阳光，如一条暖暖的细流潜入心田。”成功的人一定会把注意力集中在积极的事情上，你跟他们谈话时，听到的大多都是振奋人心的好消息和可以开怀大笑的事情，而非是一些充满悲怨和恐惧的事情。

另外，他们不会说最近没做什么事，而是会说他们确实做了什么事，而且总是活得很踏实而又不失情趣。

其实我们每一个人都需要给自己的生活添加一些积极的因素，并学着以积极的心态改变自己的心灵。无论事情多么糟糕，只要多想一下，明天清晨的空气还是一样的纯净，明天的太阳还是照样会升起，并不断地把积极的思想装入你的大脑中，事情就会往好的方面转化。

很多时候，坏事能变成好事，好事也能变成坏事，完全取决于你是以什么样的心态来面对，所以，不管遇到什么，你都要以好的、积极的心态去面对生活。

★ 沙鼠 ★

顺其自然，拥有随遇而安的生活心态

【动物故事】

它叫沙鼠，生活在沙漠里。它非常勤劳，每当旱季到来时，就会想尽办法去囤积大量的草根，以便顺利度过那段艰苦的日子。

所以，在这之前，它每天都会忙个不停，直到把洞里堆满了草根，它才会停下来。否则，它就会“嗷嗷”地叫个不停，表现出很焦躁不安的样子。

其实，沙鼠们完全不需要那样做，因为在旱季里，每只沙鼠仅需要两

公斤的草根就够了，但它们会准备出10公斤来。

旱季一过，那些没吃掉的草根就会发霉、腐烂，它们还得费心思将草根清除出去。

有人将沙鼠抓来替代白鼠。虽然在笼子里的沙鼠虽然不缺吃喝，但它们同样会表现出焦躁不安的样子，只要它们发现笼子有草根，就会想尽办法把它叼回来，因为只要笼子里没有足够的草根，它们就会在烦躁中焦虑地死去。

【动物启示录】

可以说，沙鼠缺乏的是顺其自然、随遇而安的生活心态。它们总是想拥有更多的东西，当无法拥有的时候，心中就会产生焦虑的情绪，最终因杞人忧天而死去。这正如现代人一样，不懂得随遇而安，无论今天的日子多么美好，总是会莫名地对未来或过去心生担心与忧虑，惶惶不可终日，白白浪费了当下的美好时光。

诚然，有居安思危的危机意识是好的，但是如果过分地为未来担忧，那就很难享受到快乐了。比如某天早上，你起床晚了，就会担心：老板会不会不高兴？要是他气炸了，我可怎么办？万一因为迟到而开除我，那就得不偿失了？如果被开除后难找到工作，就无法支付透支的信用卡，接下来的生活该如何持续？……就这样，你永无休止地对以后的事情担忧，只会白白地浪费自己当下的时光。

生活中，还有许多人为了能使明天的生活更好，每天都战战兢兢的，害怕自己所拥有的一切在明天就会化为乌有，所以他们就会像沙鼠一样，产生过度的焦虑感，最后变成无事不忧、无事不虑的人，被担忧而绑住手脚，到头来，什么事情都做不了。

其实，凡事只要往好的一面想，就不会有那么多的忧虑了，譬如你迟到了，你可以安慰自己：说不定上班的人早起了，路上都会畅通无阻。万一塞车了，老板可能还没到，就算被老板发现了，最多也就被说一顿，没有什么大事。

英国有个民间故事，有一个家庭非常贫困的铁匠经常担心："如果我病倒了，不能工作怎么办？""如果我挣的钱不够花了怎么办？"结果这一连串的担心像沉重的包袱压得他喘不过气来，使他饭也吃不香，觉也睡不好，身体一天天地越变越弱。

有一天，铁匠晕倒在从外面回来的路上，恰好有个医学博士路过，博士在询问了情况后十分同情他，就从衣兜里拿出一条金项链对他说："在你人生最困难的时候，你才可以将它卖掉。"

铁匠拿着金项链高高兴兴地回家了。从此之后，他经常想着这条项链，并自我安慰道："如果实在没钱了，我就把这条项链卖掉。"就这样，他白天踏实地工作，晚上安心地睡觉，逐渐地又恢复了健康。

有一天，他拿着那条金项链到首饰店里估价，老板告诉他这条项链是铜的，只值 1 元钱，铁匠这才恍然大悟："博士给我的不是一条项链，而是治病的方法！"

不要预支明天的烦恼，只需把今天过好就是应付烦恼的最好法宝，特别是当你的心中装着一个沉重的包袱难以放下时，你要坚信你所焦虑的那些令你不安的后果往往都是不会发生的。

美国作家布莱克伍德在一篇名为《99%的烦恼其实不会发生》的文章中，描述了他在"二战"期间的一段亲身经历。

在布莱克伍德 40 多岁的时候，因为战争的到来，他的烦恼也增加了许多。他所创办的商业学校，因为当地的男孩子都入伍作战去了，所以财政陷入危机之中；他的儿子在军队中服兵役，生死未卜；他房子所在的地块要被征收建造农场，他得到的赔偿金只是市价的 1/10；他的大女儿提前一年高中毕业，上大学需要很大一笔学费，这笔钱到现在还没着落。布莱克伍德坐在办公室里，一想起这一连串的问题就烦恼不已。当时，他拿了一张便条将这些揪心的事情都一一写了下来，想一件件地苦想对策，但是都没有想到好的解决办法。到最后，他只好将那张便条放进了抽屉中。

就这样，大约两年多过去了，布莱克伍德已经完全不记得自己曾经放在抽屉中的那张便条了，有一天，他在整理资料时，无意中发现了那张记满了他的烦恼事情的便条，他一边看，一边觉得十分有趣味，因为那些让他烦恼与担忧的事从没发生过。

他当时担心商业学校维持不下去，但政府却给他拨款要求训练退役的军人，于是，学校立即招满了学生；他曾经担心自己的儿子在战争中受伤或死亡，但最终却毫发无损地回家了；他担心他的房子被征去做农场，但是后来有关部门却在他房子附近发现了石油，于是他的房子没有被征收；他担心女儿当时的教育经费不够，但是不久他就找到了一份兼职的工作，顺利地为女儿挣足了一笔学费。

最终，布莱克伍德得出了一个结论："其实，99%的预其烦恼是不会发生的，为了不会发生的事而饱受煎熬，真是人生的一大悲哀！"

许多烦恼和忧愁都是自己给自己绑的绳索，是对自己心力的无端耗费，这就如同自我设置的虚拟的精神陷阱。怀着忧愁度过每一天，设想自己可能遇到的麻烦，只会徒增烦恼。实际上，等烦恼真的来了，再去考虑也为时不晚，别忘了人们常说的那句话："车到山前必有路，船到桥头自然直。"

一位哲人曾说过这样一句话："有些事想得太远，就成了无休无止的压力，烦恼自然也会跟随而来。在生活中，我们不要挂念太多不该挂念的事情，不要把有些事想得太远，这样才能让自己得到更多的快乐和平静。"所以，你要想摆脱焦虑，不妨从改变自己的内心做起，也就是说内心要一直保持着愉快、积极的状态，不要总去患得患失，而是要快乐地生活下去。

为未来的事情担心，不如及早地规划一下现在如何亡羊补牢，甚至另谋解决之道，才是明智的选择。

★ 浣熊 ★

凡事不必苛求完美

【动物故事】

浣熊是一种生活在北美洲的动物，它有一个特点，就是在吃东西前喜欢先将食物拿到水中去清洗。其实，在很多时候，食物不是很脏，但它们也要刻意地拿到河边使劲地去清洗，所以，人们才称它为浣熊，而“浣”也就是“洗”的意思。

有时候，浣熊在树上采摘到食物之后，如果附近没有水源，它们还会跑到很远的地方去清洗，尽管在此过程中饥肠辘辘，它们也要费尽心思地寻找到河水。

这在其他动物看来是完全没有必要的，可浣熊却坚持如此。正因为它们的过分苛求，才使它们在果实成熟的季节很少能吃到树林中的果实，因为它们要花费很大的精力到附近去寻找清洗食物的水源。

【动物启示录】

浣熊在吃食物前，必要将其清洗后才会去吃，也就是说，正是因为它们的过分苛求，才使它们备感劳累，最终很难吃到树林中更多的果实。同样，在生活中，如果你过分苛求完美，只能体验到更多的失望与痛苦。

俄国哲学家车尔尼雪夫斯基说：“既然太阳上也有黑点，人世间的事情就更不可能没有缺陷。”季羡林也说：“人生在世，每个人都想争取一个完满的人生。然而,从古至今,100%完满的人生是根本不存在的。”

在一座山上的寺庙中住着几个和尚。有一天,老住持觉得自己时日不多,便想从弟子中找一个接班人来接替他,但是,他的弟子个个都很优秀,他也不知道该选谁。

几天后,他把所有的弟子都叫过来,吩咐他们去寺院后面的树林里各自找一片最完美的树叶回来。所有的弟子都不知其理,但是都仍然照师父的吩咐去做了。

和尚们来到树林,他们心想,这么多的树叶到底哪片树叶才是完美的呢?大家都冥思苦想,都不知道什么样的树叶是完美的,但住持交代的事情不能应付,更不能不做,于是,他们便费尽心思在树林里仔细并辛苦地找起来,结果到天黑累得气喘吁吁,也没能找到那片“最完美的树叶”,最终大部分和尚都空手而归,只有一个和尚心想:这里的树叶这么多,每一片树叶又各自不同,什么样的树叶才是最完美的呢?于是他便在树林里随便拣了一片完整无损并且很干净的树叶往寺院里赶,早早地回到了寺院里。

天黑了,老住持见众人都气喘吁吁地空手而归,唯有这个弟子很平静地把一片树叶交给他,便问他:“你拣回的这片树叶是最完美的吗?”这个和尚答道:“是的,虽然我不知道您说的最完美的树叶是什么样的,但我认为我拣回的树叶是最完美的。”

老住持听后又问那些空手而归的和尚:“你们都没有找到吗?”他们说:“我们尽心尽力地在树林里找了,但是根本没有找到最完美的。”

最终,老住持宣布那个拣回树叶的弟子将成为自己的接班人。

老住持的众多弟子之所以没有找到“最完美的树叶”,其根源就在于他们没有弄明白世间根本不存在最完美的东西的道理。

在生活中,许多人可能认为:我为工作付出了许多精力,最终升了职,达到了自己的目标,不是一种完美吗?其实,所谓的完美只是一个美丽的错觉。你把工作做好并升了职，但是你却付出了比别人更多的努力，于是，你难免会忽视家庭、忽视孩子，所以，从家人方面来说，你做得是不完美的。

追求完美是每个人的天性，按理说并没有什么不好，人类正是在不断追求完美中让自身和社会不断地变得完美起来。但是凡事都要适度，如果仅仅因为差缺那么一点点而对自己耿耿于怀或顽固到底，就大可不必了。

要知道，为了从99.9%跨越到理想中的100%，你会为最终的那0.1%付出多出正常标准很多倍的时间、精力等资源。更何况，世界上100%的完美根本就不存在，所谓的完美只是一句极具诱惑力的口号、一个漂亮的陷阱。

同样地，事物有不尽完美的地方，人都是有缺憾的，只有放宽心，生活才能变得更为美好。再者，事事都追求完美，并不一定能为自己带来成功。

任何一个人都不是十全十美的，也不可能做到任何方面都比别人强。实际上，只要你在一方面特别优秀就十分了不起了，若要全面追求第一、追求完美，最终的结果可能连一个第一都拿不到。

命运之神赐给我们欢乐和机遇的同时，也给了我们缺憾与苦难，只有不完美的人生才是真正的人生。人类历史上有太多的天才俊杰都“被上帝咬过一口”：失明的文学家弥尔顿、失聪的大音乐家贝多芬、不会说话的天才小提琴演奏家帕格尼尼……

为山九仞、功亏一篑虽然是一种遗憾，但金无足赤，人无完人却是一条亘古不变的真理。人生总会有不尽如人意的事情，缺憾出现之后，你需要保持一颗平常心，对于各种得失、缺憾和成败都泰然视之，如此才会发现缺憾就如断臂的维纳斯一样，也是很美的，这样也就不会为了空中楼阁的完美而耗费自己的心血。

★ 鸳鸯 ★

适合自己的才是最好的

【动物故事】

鸳鸯是一种美丽的水鸟，也是一种候鸟。

春天，它飞往北方，秋天，它又飞向南方。鸳鸯被人们称为美好的爱情和恩爱夫妻的象征。其实，鸳鸯只是被美化了，它并没有那么圣洁和伟大。

一只雌鸳鸯和一只雄鸳鸯相爱了，刚开始它们整日地厮守在一起，双栖双飞，可是当雌鸳鸯开始孵化的时候，雄鸳鸯就会离雌鸳鸯而去，从此以后再也不会回来。

最苦的就是雌鸳鸯了，一边守着活寡，一边还要照看和抚育年幼的小鸳鸯们。而雄鸳鸯往往是很花心的，它们离开后，还会去寻找其他的雌鸳鸯。

【动物启示录】

雌鸳鸯永远找不到一个能对自己负责的丈夫，主要是因为多数的雄鸳鸯都是“花心”的，但是人类却不一样，只要能够选择到适合自己的就能找到自己的幸福。

现今，很多急着出嫁的女性常常问这样的问题：什么样的男人才算是好男人？其实好男人并没有什么统一的标准，只要找到适合自己的男人就能拥有美满的婚姻和爱情。也就好比一双鞋子，不只是外观好看就行，只有穿在脚上才能辨别出它的好坏。

然而，不少女性在选偶的时候，条件要求极为苛刻。比如，月薪一定要过万，又必须长得帅气，同时也得顾家，个性既要诚实又懂浪漫，有修养又不能过于古板。殊不知，这些女人在为男人立下这些条条框框时，也等于给自己的心灵套上了一条无形的绳索。

有一个30岁的剩女，自身条件很不错，可是在爱情的路上却一直寻寻觅觅，只见开花不见结果，而且还经常苦苦自问：谁是我的意中人？我是谁的意中人？那种悲楚的神情人见人怜。不过她要找的意中人的条件却有点儿苛刻：长得高大帅气、硕士学历、事业有成、必须要有100平方米以上的独立住房、懂得浪漫，等等。像她这样的高标准，如果不去找上帝“定做”，恐怕是很难如愿的。

另一个女人在找对象时，一味地要求男性要有优越的条件，而不考虑自身究竟适合什么样子的，最终和一个博士生迈进了婚姻殿堂，但是，两人结婚不到半年就以离婚收场，原来她丈夫每天不是忙于出差，就是在外搞科研，无意中冷落了她，而且还比较大男子主义，让她实在忍受不下去了。最终，她才明白，这样的男人是好，但却并不适合自己。

由此可见，即使对于好男人，女人也不能由着自己的性子一味地“挑剔”，当你开出的标准越高，你所面临的风险也就越大。这种风险除了你的年龄在逐渐增大之外，更大的风险便是来自你的内心，慢慢地你会对其身边的男人司空见惯、熟视无睹，最终丧失兴趣。这或许就是现在大龄女青年越来越多的原因之一。

好男人不是一个抽象的标准，好男人也不是虚无缥缈的水中月，好男人是实实在在的人，只有用心感受才不会在爱情的迷魂阵里手足无措。

有一个才貌双全的女子找了一个长相平平、学历一般、家境一般的普通男人，虽然婚后的生活过得不是很滋润，但是却幸福，因为她有一个一直爱她的男人。每当她与朋友谈起自己的丈夫时总是幸福地说：他是一个好男人，尽管在别人看来不是最好的，但却是最适合我的。

正如某位名人所说：婚姻是一场化学反应，不是一加一的物理式的连接。如果把婚姻比作一个烧杯，进入杯中的两个人其实是两个活性元素。你是什么“元素”？你需要和什么“元素”在一起才会有良性的化合反应？如果没有认清自己就去寻找另一种“元素”，那么你很有可能寻到的是一个好“元素”，但是这个好“元素”跟你之间不会产生反应，甚至生成恶性反应。

这个道理也正如我们到商店去买衣服一样，许多人都喜欢外表看上去华丽的衣服，那么，不妨自问一下你：难道所有的衣服你都要购回家吗？你一定要知道，有些衣服虽然华丽，却未必适合自己，那么为何不将这个理论放在婚姻上面呢？

记住，日子要靠自己去过，幸福要靠自己感觉，如果总是生活在他人的眼光里，就无法找到能真正带给自己幸福的另一半。

★ 蛤蜊 ★

做一个快乐的知足者

【动物故事】

它叫蛤蜊，长得很可爱。它的寿命非常长，身上还长着像树木年轮一样的圈圈。每过一年，它就在自己身上画一圈。有位科学家发现一只蛤蜊的身上竟然有120多圈，这就证明了它已经活了120多年了。

蛤蜊的故乡在南美洲，那里的夏天非常炎热，许多动物都喜欢这个季节，因为在这段时间内，它们可以大口大口地吃东西。

但对于蛤蜊来说，却不是吃的时候，它要在这个暖暖的季节里尽可能生育更多的宝宝，之后，还要尽心尽力地照顾它们，承担起做父亲和母亲的责任。

在这个季节里，吃是不重要的，重要的是温馨和幸福、简单和快乐。渐渐地，小蛤蜊们长大了，渐渐地，蛤蜊爸爸和妈妈自由了，等到了冬天，草木枯萎、食物匮乏，没有多少好吃的了。但蛤蜊们却习惯了这种节俭而幽静的日子，对于它们来说，只要有吃的，就应该满足，就应该快乐，因此蛤蜊赢得了很多美誉，也让自己长寿。

【动物启示录】

蛤蜊能够长寿，主要是因为它懂得知足，懂得知足才是幸福和快乐的源泉。老子说："知足不辱，知止不始，可以长久。"这句话就是提醒人们，千万不要贪心和贪欲，这样会影响你自在宁静的生活。

一个人要想生活得快乐，没有麻烦，也没有外来的祸害，那么只有摒弃贪心和贪欲。然而，人的贪欲是无止无休的，很少有人会对自己的生活满足，有了钱还希望有更多的钱，有了儿子还希望要一个女儿。实际上，人应该控制自己的贪欲，不然，很容易在贪欲下迷失自己。

有一对兄弟从小就失去了父母，很是可怜。从他们很小的时候起就过着以打鱼为生的生活。生活虽然很艰苦，但是兄弟俩从来没有抱怨过什么，日子过得极为简单而舒心。

上帝看到了两个人的情况，很是同情，就决定设法帮助他们。上帝先给兄弟俩拖了一个梦，在梦中对他们说："你们家门前的河中央埋藏着十分宝贵的宝藏，现在河水很浅，你们前去打捞吧。但是要记住，到五更天的时候必须离开，否则就会被河水淹死。"

兄弟二人从梦中醒来后，得知彼此做了同样的梦，很是兴奋，就赶忙起床去打捞。到了河水的中央，哥哥先是打捞了一块宝石，将其装在口袋之中，看到天不早就离开了，而弟弟则对哥哥说："你先走吧，我一会儿就会离开。"随后，他就不停地在里面打捞，将宝藏装了满满的一船。眼看就要到五更天了，弟弟因为贪婪，仍然不肯离开。不一会儿，河水就慢慢地涨起来了，一时间，狂风大浪向小船扑过来，弟弟拼命地划船，但是由于宝藏太沉，根本划不动，最终，弟弟被河水淹死了。

而哥哥回到家中后，用捡到了的那块宝石做本钱，做起了生意，后来成了远近闻名的大富翁，而弟弟却再也没有回来。

弟弟因为贪婪，最终丧失了自己的性命，而哥哥却因为懂得舍弃，最终实现了他成为富翁的梦想，由此可知，过多地贪婪只会将人们置于悲惨的境地。

在现实生活中，欲望越多，得到的幸福也会相对越少。比如，认为钱越多越好，却不知钱越多，快乐就有可能减少；认为房子越多越好，却不知房子的面积每增加一平方米，你就要付出更多的劳动。

那些生活中的智者懂得，每个人拥有的东西，无论是有形的还是无形的，没有一样是属于自己的，因此那些财物均为身外之物，他们控制着自己的欲望，遇事想得开、放得下，所以他们活得轻松、过得自在。

在这一点上，世界首富比尔·盖茨就做得非常好。

"我只是这笔财富的看管人，我需要找到最合适的方式来使用它。"这是盖茨对金钱最真实的看法。他经常告诉那些向他求经的朋友："如果你认为拥有更多的金钱，便可享受到常人无法享受到的快乐，那你就错了。其实，每当一个人拥有的金钱超过一定数量时，它就只是一种数字化的财产标志而已，简直毫无意义。"

人要懂得知足，不要让贪婪的欲望蒙蔽了你的双眼，心怀知足的心的人才能发现世界美好的一面，才能感受到让自己幸福和快乐的方法和东西其实有很多。

★ 海獭 ★

适时地给自己的身心放个假

【动物故事】

海獭生活在北太平洋的寒冷海域里，蛤蚌、牡蛎、海胆这些小动物是它们最喜欢吃的食物，特别是海胆，那可是它们的最爱。

一天晚上，一只小海獭突然又想吃海胆了，它潜入海底去寻找海胆。海胆浑身长满了刺，昼伏夜出。海胆的胆子非常小，见到敌人就会逃跑。不过，一只海胆还是不小心被小海獭给抓住了，小海獭非常兴奋，它没有马上把海胆吃掉，因为它觉得如果捉到一只就吃一只，一点儿都不过瘾，而且还要不停地劳作，于是，海獭决定先劳再逸。

小海獭把海胆夹在腋下，直到夹到30个，它的腋下才满了。你一定很纳闷，它的腋下能夹那么多海胆吗？当然能，海獭腋下的皮肤松弛，因此就形成了一个像口袋一样的皮囊，最多的时候可以装将近30个海胆。

小海獭捉够海胆后就浮上了岸，它仰卧在沙滩上，把肚皮当餐桌，它先把从沙滩捡来的石头放在胸部，然后用上肢抱着海胆拼命地往石头上砸，还时不时地看看有没有砸破。为了早些填饱肚子，等肉出来后，它就会立即吞食，吃饱之后的小海獭便进入了梦乡。

第二天，小海獭一边在海面上晒太阳，一边品尝着美食，这样的生活实在太美妙了。

【动物启示录】

在充满竞争的自然界里，很少有动物像海獭那样会享受生活。其实，自然界跟我们人类社会一样，很多人为了自己能够成功，像个机器一样不停地工作，最后只会把自己的生命给透支掉。

奋斗是必需的，但充满乐趣的生活不是一刻不停地奔跑，也不是一直安逸地待着，而是劳逸结合，在适当的时候学会放松，去体味幸福的味道。这样的道理多数人都懂，只是面临着生存和竞争的压力，很多人把生活中该享受的一部分给"忽略"掉了，他们一味地承受劳作，在重大的压力下紧绷神经，一刻也不敢懈怠，甚至还会拿自己的健康作为筹码。直到有一天，等他们累得病倒了，才明白健康地活着是多么美好的事情，他们才会感悟到"生"的重量，才会感叹当初没有好好地珍惜生活、享受生活。

小波是个事业有成的男人，30几岁就已经有了自己独立的住房，并开办了一家中等规模的公司。只是，他每天都要在公司忙到很晚，家里只是他暂时落脚的地方，大部分的时间他都是在波奔忙碌。有人劝他别那么拼命，可他觉得自己还年轻，应该好好奋斗，实现自己的理想，为家人创造更好的生活。

小波如此坚韧、执著，理应得到上天的眷顾，可是，命运之神却和他开了一个大玩笑，就在公司接到一笔大生意的时候，他被查出患了肿瘤。这个噩耗给他的打击是难以用语言形容的，他觉得自己所做的一切都没有意义了……他再没有心思想公司下一步该拓展哪个领域、明天要和哪个公司的经理谈业务，他想到的是：我还能活多久？如果我死了，我的老婆孩子该怎么办？父母怎么接受这个现实？想到这些，他不寒而栗。他不敢把这个消息告诉家人，怕他们担心，他总是想："如果时光能倒退该有多好？我一定会多注意身体，如果还能健康地活下去，那该有多好。"

这可能是上天给他的警示，提醒他要善待自己。医生最终得出的诊断结果是：良性肿瘤。经过一段时间的治疗与调养后，他出院了。走出医院的那一天，他暗暗发誓：一定不会再用生命去换金钱，一定珍惜和家人在一起的时光,适时地给自己放个假。

病前、病中、病后3种不同的心态已成为人们的一个普遍共性。当我们拥有健康的时候,往往对身体不在意,头脑中想的总是如何尽可能取得名利和财富。但是,一旦当我们累倒了的时候,才明白自己的生命缺失了太多有意义的东西。

诚然,奋斗和拼搏是必需的,是你立足于社会、体现自身价值的手段。但是,一个只会工作不懂得享受生活的人并不是智者。如果你每天都置身于忙碌和压力之中,一旦体力透支,身体健康及精神状态都会大打折扣,这会严重影响到你的工作,进而形成恶性循环。对于成功人士而言,解除压力、追求放松是一种难得的享受,因为在放松的状态中,你的精神和肉体都从潜意识的压力之中解脱出来,让自己彻底地得到放松。

到底如何才能够放松自己呢?很简单,一旦压力出现就立刻消除它。当你感到精神紧张甚至产生焦虑的时候,马上提醒自己:“不要这样,没什么大不了。”这个过程一开始可能是有意识的,但是慢慢地它就会成为一种习惯。生活在充满竞争的社会中,会工作的人很多,但是既会工作又懂得放松、善待自己的人却很少。很多人视享受为“奢侈”之事,实际上,只有那些懂得放慢生活的脚步、学会给自己解压的人才能笑到最后,成为最大的赢家。

★ 蜉蝣 ★

珍惜生命里的每一分钟

【动物故事】

它叫蜉蝣,是一种比蜻蜓小得多的小昆虫,蜉蝣的体形细长而且柔软，体长通常为3~27厘米，它的寿命很短，只有一天。

绝大多数的蜉蝣从跃出水面飞起的那一刻，它们的生命便仅仅剩下几个小时了。它们非常珍惜自己的生命，所以，它们一旦从水面跃出后就振翅飞舞着，在寻找到自己的爱情后就会匆匆地入洞房，匆匆地进行交配，它们在这个世界还没来得及和对方说几句悄悄话，便会双双死去。

一只雌蜉蝣可以产下一万枚卵左右，等它们的卵落在水面上达两周后，便能变成幼虫。但要长成蜉蝣，大约需要一年的时间，因为需要经过几十次蜕化，才能羽化成有翅膀的成虫。

成虫就是蜉蝣。这时，它们的消化器官已退化，无法进食，它们匆匆地寻找爱情，再义无反顾地死去。

【动物启示录】

蜉蝣的生命只有一天，就在这短短的一天时间里，它们不但寻找到了自己的爱情，而且还繁衍了后代。从这一点来说，它们一天的时间与其他许多动物几年甚至几十年的时间没有多大的差别。蜉蝣之所以能在短短的时间里做这些事，就是因为它们懂得珍惜生命中的每一分钟。这给了我们人类很深的启示：很多时候，我们不要总是埋怨时间过得太快，自己的理想来不及实现，而是要懂得去珍惜当下的时间，认真规划好自己的人生，然后再埋头苦干，让每一天都过得精彩和有意义。

岁月匆匆，人生苦短，很多人都不曾记得过去做过了什么事情就进入了迟暮之年。于是人们开始埋怨：时间过得太快，理想还没有来得及实现，就已经错过了最美好的年华。随着年龄的增长，容颜憔悴了，记忆力衰退了，回首时才悔恨自己在迟疑中送走了青春和激情，还有那么多事情没有做，还有那么多的感受不曾体会到。

世界上最宝贵的东西是时间，可最容易被人们忽视的也是时间。如今，很多年轻人习惯了悠闲散漫的生活，他们觉得自己年轻，时间多得是，就算心里有一些想法和计划，也总是懒得实施，总想着还有明天。直到有一天，他们发现自己不再年轻、自己的事业没有任何长进、自己的生活平庸无为，没有丝毫改变，才意识到时间不等人。这时候，他们又会抱怨："唉，时间过得太快了！"

挥霍光阴是一件既可悲又可惜的事。岁月经受不起太久的等待，青春经受不起一再的蹉跎。如果你有什么想法，有什么想要做的事情，那么就要像蜉蝣那样第一时间就去做，不要迟疑，不要等待。

她是某所大学艺术团里的歌剧演员，在一次校际演讲比赛中，她说出了自己心中深藏已久的美丽的梦想：毕业后，先去欧洲旅行一年，然后在纽约百老汇中成为一名优秀的主角。

随后，她的心理学老师问了她几个问题："今天去百老汇和毕业后去百老汇有什么区别？"她仔细想了想，觉得的确没什么两样，大学生活并不能够帮助她争取到去百老汇工作的机会，于是她告诉老师："下个学期我就去百老汇闯荡。"

老师紧接着又问："你今天去和下学期去有什么不一样吗？"她心情有些激动，说："那好，给我一周时间来准备，我很快就出发。"

"有什么需要准备的？日用品在百老汇也可以买到，你一周之后去和现在去有什么区别吗？"老师步步紧逼。

这时候，她留下了眼泪，说："好！我明天就出发！"

第二天，她乘坐飞机去了纽约百老汇。

当时，百老汇的制片人正在酝酿一部经典剧目，各国的艺术家们都纷纷去应征主角。依照步骤，应当先选择10个左右的候选人，然后让他们按照剧本的要求演绎一段主角的对白。也就是说，想要成为主角，必须经过激烈的角逐。

得知这一消息后，她费了很大的力气从一位化妆师手里拿到了将排的剧本。之后，她便将自己关在房间里悄悄地排练。到了面试的那一天，她在台上真挚地道出了剧目的对白，制片人看着眼前这个表演生动的女孩之后惊呆了。她是第48个出场的，当时后面还有不少人等待着面试。这时，制片人却通知工作人员说面试结束了，她就是该剧的主角。

结果可想而知，她刚刚到达纽约就进入了百老汇，站到了炫丽的舞台上。

“明日复明日，明日何其多。我生待明日，万事成蹉跎。”要想不荒废岁月，干出一番事业，就要珍视当下的时光，克服拖拉的习惯。等待是实现梦想的最大的敌人，如果只让理想在梦中开花，而不去把握今天、努力为自己创造机会，那么最终留下的可能就只有蹉跎和悔恨了。

别总抱怨岁月不留人，上天给每个人的时间都是公平的，一天24小时，一小时60分钟，不多也不少。你总埋怨时间过得太快，让你来不及实现理想，而有没有想过是你一直在迟疑、等待，荒废了时间呢？真正懂得珍惜时间、规划自己人生的人会像蜉蝣那样懂得自己决定在什么时间做什么事，而不是让时间来决定他们应该做什么事。

★ 猩猩 ★

摒弃怨恨，明天将是新的一天

【动物故事】

在猩猩的世界里，如果出现意见不一致或者发生了利益冲突，两只猩猩就会发生争吵，但是，吵过架的两只猩猩第二天便会和平共处，因为猩猩之间有个和平协议，每当两个猩猩发生争执时，失败的一方会趴在地上，向上露出自己的屁股，胜利者便会接受对手的投降。然后，双方会拥抱在一起，互相帮助对方抓虱子。

如果双方都太强大而互不相让，就会有一位德高望重的老猩猩出来劝解。那位老猩猩会先到一只猩猩那儿亲吻一下它，还会帮它捉一会儿虱子。之后，它再走到另一只猩猩面前，如果发现前一只猩猩没有跟来，便会把它拽过来。当 3 只猩猩在一起时，老猩猩就会亲吻另一只猩猩，也会帮它捉一下虱子。如果看见两只猩猩互相拥抱和解了，它便会走开。

即使两只猩猩真是闹得不可开交，但到了晚上睡觉前也会和解。那时，它们会友好地击一下掌，一切恩怨便解决了。

【动物启示录】

猩猩们总是能很和平地生活在一起，即使发生天大的冲突，它们也会在第二天清晨的时候忘记。在现实生活中，人与人之间难免因为利益或意见的不统一而发生矛盾或冲突，如果你不知忍让、不懂克制、不懂遗忘，双方就会轻易发脾气，人与人之间就会矛盾重重、仇恨重重，那这个社会也不会再有什么和谐可言了。对于此，你还要向大猩猩学习，学着去遗忘、去包容，将明天看成全新的一天。

在工作和生活中，人与人之间难免会有摩擦，我们难免会因为别人的不良情绪而受到伤害，但是如果不能忘记那些无心的伤害，内心充满怨恨，不仅会让自己陷入无尽的苦恼之中，也会让别人也陷入烦恼之中。

回想一下，在现实的生活中，当你受到不公正的待遇，当你被气得捶胸顿足的时候，当你因此而怨恨别人的时候，我们又得到了什么呢？你在伤害别人的同时也伤害着自己，而且你得到的是比别人更深的伤害。

有一家大饭店的生意非常好。一天上午，一个美国人突然闯进经理室，他气势汹汹地对经理说：“你就是经理吗？我刚才在大门口滑倒摔伤了腰。

你们的地板太滑了，连个防滑措施都没有，太危险了，马上带我去医务室。”

经理非常客气地说：“这实在抱歉得很，您的腰还疼吗？我们马上带您去医务室，请您稍坐一下。”

美国人坐在椅子上，继续抱怨不停，饭店经理这时拿出了一双舒适的拖鞋，温和地对美国人说：“请您换上这双鞋，它能让您稍微舒服一点儿，医务室已经联系好了，现在我就带您去。”

其实在美国人闯进来时，经理已经看清他的腰部没有多大问题，所以当美国人走出经理室后，经理就把美国人的鞋交给一个服务员说：“这双鞋的后跟已经磨薄了，在我们回来之前把它送到楼下修鞋处换上橡胶后跟。”

检查很快就结束了，结果未发现任何异常，那个美国人也完全冷静了下来，随后一同回到经理室。经理微笑着说：“没什么大问题比什么都好，这就放心了，请您喝杯茶吧！”

美国人觉得自己方才太冒失了，所以就客气地说：“地板太滑、太危险，我只是想让你们注意一下，没有别的意思。”

这时经理拿出已经修好的鞋对美国人说：“很冒昧，我们擅自修理了您的鞋，那个鞋匠说，后跟磨薄了确实容易滑倒。”

美国人穿上修好的鞋，感觉舒适多了，他对经理处理问题的技巧大为惊讶，非常高兴地说道：“经理，谢谢你的好意！”从那以后，只要这个美国人到上海，必定住进这个饭店，而且还会找到经理聊上几句。

一场突发的事件就这样解决了，也许是因为经理的机智，也许是因为美国人的随和，其实是因为两个人都能宽容谅解对方，就这样，一个小的矛盾没有升级，而且其结局是皆大欢喜的，这是最让人欣慰的。

因此，能过去的就让它过去好了，尤其是那些恩恩怨怨。冤冤相报何时了？没有人天生就喜欢仇恨别人，也没有人愿意为自己树立很多敌人，正所谓相逢一笑泯恩仇，如果大家都互相宽容一点儿，学会像猩猩那样，将明天看成是新的一天,那么再难的问题也能解决,再多的不愉快也都会烟消云散。

★ 文昌鱼 ★

苛求是不可取的

【动物故事】

文昌鱼外形非常像一条小鱼,半透明,头尾尖尖的,体长约为6厘米。在动物界中,它们是一种没有进化完全的动物,它们的大脑没有长全,而且没有心脏,即使它们的身体条件如此不好,文昌鱼对生活环境还十分挑剔。

如果水温不是在12~30摄氏度之间,水深不是5~10米之间,每升水的含盐量不是在24~29克之间,海水的透明度不是很高,它就不能存活。

另外,文昌鱼还不喜欢游泳,它们喜欢懒散地把自己的身子埋在沙粒中,只把自己的脑袋露出来,因为那样就可以从硅藻中摄取一些营养成分。在沙滩上,它们对沙滩的环境也有极高的要求,如果沙滩上没有多少粗沙,它们就会选择死亡,因为细沙多的话,它们是钻不进去的,就算钻了进去也无法呼吸。

【动物启示录】

文昌鱼外貌丑陋,纵然没有大脑和心脏,却还处处挑剔,这样的生命注定是脆弱的。我们人类也是如此,如果对生活苛求太多,我们的人生必然会充满失落和痛苦。所以,我们在生活中就应该去除那些漫无边际的奢求,以便让心灵变得清凉起来。我们必须随时清除那些不切实际的苛求与恶念，好让身体变得更加轻松。

这里所指的不去苛求，就是要让我们在适当的时候学会放弃。在很多时候，学会放弃是一种自我调整，它会使我们的人生目标再次被确立。它还让我们明白，有的东西在你想要得到却又得不到时，一味地追求只会给自己带来压力、痛苦和焦虑。这时候，放弃是一种理智的选择，它能让你的身心得到解脱。

根据自己的能力来生活或者做事，就不会心有余而力不足。强迫自己硬要达到不切实际的所谓的高标准，不仅会使自己整天紧张焦虑，还会使自己过早地耗尽精力，让你觉得人生是枯燥无味的，甚至还会对生活丧失信心。

已经是凌晨两点多钟了，晓丽房间的灯还依然亮着，她正在书房努力地学习，脸上满是困乏和憔悴。这种状态她已经持续两个多月了，在这段时间中，她的脑子中总是想着学习、考试。之所以如此用功，主要是因为她经过了5次英语考试都没有通过，这个月要进行第6次了。

其实，晓丽毕业后从事的是会计工作，用不到多少英语，但是她看周围的同学都在忙着考英语资格证，生怕自己落后，就报考了。于是这几年，她就与英语资格证叫上板了，不考过誓不罢休。

晓丽从小学习成绩很好，工作也非常认真，责任心也挺强，但是她的心理素质有些不好，从小到大都有些害怕考试，平时学习挺好，但考试时总是考不好。尽管她惧怕考试，但她还是不想让自己落后于人。然而，在每次临考的夜里，她总是会胡思乱想，而且想着想着就睡着了，结果，第二天考试就考砸了。几年下来，她仍然没能如愿拿到那个资格证书。如今，为了这次考试，她每晚都强迫自己认真学习，由于太过紧张和焦虑，她几乎每晚都会失眠，这已经严重地影响了她白天的工作，她自己都感觉痛苦极了。

其实，晓丽的痛苦主要是她过分地苛求自己造成的。对于她来说，英语资格证既然在她的工作中用不到，就没有必要那样苦苦地折磨自己。

对于晓丽的状态，如果我们能静下心来想想，就会发现她没有必要那样做。我们不能做到最好，完全可以放松心态甘心做到最好；不能拥有伟大，完全可以静守平庸，用低标准去规划自己的人生，让自己获得更多的快乐，这样又有何不可呢？

贝尔纳是法国著名的作家，一生创作了大量的小说和剧本，在法国影剧史上占有特别的地位。

有一次，法国一家报纸进行了一次有奖智力竞赛，其中有这样一个题目：如果法国最大的博物馆卢浮宫失火了，情况只允许抢救出一幅画，你会抢哪一幅？

结果，在该报收到的成千上万份回答中，贝尔纳以最佳答案获得该题的奖金，他的回答是："我会抢救离出口最近的那幅画。"

我们要追求的最佳目标不是最有价值的那个，也不是最辉煌或自己最喜欢的那个，而是最有可能实现的那个。一个聪明的人知道自己的能力和智力有限，知道有一些角色是自己永远扮演不了的，所以，我们要勇于放弃一些不切实际的目标，让自己获得更多的自信和快乐。

如果一个人每每想自己所不能想的，时时求自己所不能求的，那么他的灵魂就会快速堕落，他的厄运就会快速来临，他的痛苦就会快速将其缠绕，他的幸福就会快速逃遁。

记住，人人都要有希望，但不要像文昌鱼那样奢望，因为奢望会使人失望。世界上谁不想成功？勉强地去追求成功，往往是自不量力。

★草履虫★

就算被所有人忽视，也要好好地活着

【动物故事】

草履虫的体长只约有200微米，是世界上最小的生物。它全身只长了一个细胞，如果不用显微镜看它，是无论如何也找不到的。

草履虫生活在水里，如果把它的外形放大了来看，就会发现它像鞋底一样，浑身长满了整齐的纤毛。在水中，它不停地摆动着身体上的纤毛来进行游动。在它身体的前一侧有个小口沟，那是它吸取食物的地方，每当纤毛游动时，便会把水里的有机物通过口沟传递到自己的身体里。

它们是动物界中最为低等的动物之一，所以不被其他动物放在眼里，只要被发现，就会被其他动物欺侮或吞食。但是，草履虫却从来没有放弃过自己，它们无论在什么样的情况下都会想尽办法好好地活着。

【动物启示录】

尽管草履虫是一种低等的动物，不曾被其他动物放在眼里，也不易被人所发现，所以在动物界中，它是种被遗忘的生命。但尽管如此，它也仍然想尽办法勇敢地活着。我们人类也应该向它学习，在很多时候，即便被全世界的人所抛弃，也要勇敢地活着。

在这个快节奏的时代，很多人都是相对“卑微”的，他们没有显赫的身世，没有崇高的地位，也没有用不完的财富，所以经常会被别人忘记，甚至有的时候，他们还会把自己忘记。这主要因为他们不懂得欣赏自己、不懂得重视自己。黏土在天才的手中变成了堡垒，桑叶在天才的手中变成了丝绸，羊毛在天才的手中变成了袈裟，柏树在天才的手中变成了宫殿。如果黏土、桑叶、羊毛、柏树经过人的创造可以成百上千倍地提高自身的价值，那么我们为什么不能使自己身价百倍呢?因此，我们要加倍重视自己的价值。

能够重视自己、欣赏自己是一种对生活的乐观和对自己的信心，如果能拥有这两样东西，那么无论你在什么样的处境之中都能更好地生活。

小艳总觉得自己是个笨拙的人，她什么都不会做，什么都做不好。和朋友们在一起，她总是害怕他们嘲笑自己，因为她觉得自己不仅笨，而且也没有朋友们那么漂亮。她每每想起自己一无是处时，就感到一种深深的自卑。

尹琳是小艳的上司，她对这个内向的女孩很感兴趣。她注意到这个沉默寡言的女孩很少与别人说话，在公司的会议上也很少发言，她一次也没有参加，于是尹琳专门找到小艳，让她无论如何一定要参加这次聚会。

聚会吃完饭，大家一起去唱歌。唱歌时，尹琳把小艳叫了起来："小艳，其他人都唱了，我听说你唱歌很不错，现在就给大家唱一个呗!"小艳其实唱歌很不错，嗓音也很好，但是由于自卑，很少在别人面前展露自己的才华。

看到上司邀请自己，小艳只好拿起麦克风唱了起来，虽然唱得有些生硬，但唱了几句后，大家都觉得她唱得不错，纷纷鼓起了掌。唱完一首以后，同事们又让小艳唱了一首。

尹琳走了上去，给小艳送上一束鲜花，并凑在她耳边说："小艳，你的歌唱得真的很棒，其实你身上还有其他许多优点，为什么不展示给大家呢?其实，不管别人是否欣赏你，你都要学会首先欣赏自己、重视自己。"此次之后，小艳变得开朗了许多，由于性格变得开朗了，所以在工作上也有了很大的进步。

其实,生活就是这样,我们要学会自己重视自己、自己欣赏自己,才能找到更多的信心和勇气。就算无人鼓掌,也要自己给自己鼓掌。能够欣赏自己、重视自己的人才能时常生活在快乐中。

如果在别人还没有否定自己、看不起自己之前,自己先否定自己、看不起了自己,不仅会给自己带来痛苦,也必定不会在事业上有所建树。在人生的道路上,我们不可避免地会遇到外人的误解和耻笑,但我们不能看轻自己。恰恰相反,我们要重视自己,许多时候只要我们找准了人生的坐标,善于发现并经营自己的长处,那些被耻笑的理由正好可以成为激励我们不断向前奋进的巨大力量。

★ 蝙蝠 ★

生活并不缺少美,而是缺少发现美的眼睛

【动物故事】

蝙蝠一直都生活得很郁闷,因为它们不知道自己从哪里来,也不知道自己要到哪里去,更重要的是,它们有一双鸟儿样的翅膀,有着超过很多鸟儿的飞行速度,可是鸟儿们觉得它们一无是处,就是不喜欢和它们在一起,因此,蝙蝠感到非常沮丧,觉得自己的世界充满了灰暗。

后来,它们就去寻找属于自己的家园,最后在人类居住的地方找到了。在茫茫的宇宙中,蝙蝠都穿一身黑衣,使人和其他动物都难发现它。尽管它们的眼力不怎么样,但是它们并不会担心会撞到别人,因为它们的体内有一套声呐系统。它们飞行时,从鼻孔里会发出 4.8 万至 7 万赫兹的超

音波蝙蝠的音波速度极快，当碰到障碍物时，音波会立刻反射回来，通知蝙蝠避开。后来，人们发现蝙蝠有这个特点以后，就对它们产生了极大的兴趣，并对它们进行研究，最后，人们根据蝙蝠的特点，发明了声呐和雷达。

蝙蝠最终明白了自己其实并非一无是处。只要你勇于去尝试，就能发现自己的价值。

【动物启示录】

蝙蝠其实并非一无是处，只要你勇于去尝试就能发现自身的价值。这给了我们人类以极大的启示：生活中其实并不缺少美，只要我们用心去观察、去体味，就能感受和领略到美。

在这个忙碌的世界中，许多人都异常忙碌，每个人的神经就像上了发条的玩具，每天都在不停地往前跑，除了终点的白线外，什么都看不见，无暇回首或者中途驻足欣赏风景。结果便使这个原本丰富美丽的世界在我们眼中空无一物，只剩下匆忙、紧张与忧愁。

下面是一个关于老波尔农民的故事。

老波尔农民的家在走出山野路途中的一小块石质路面上，他和他的家人发现，在这片石场上经常散落着一些看起来暗淡无光的晶体。他的儿子淘气地用它来嬉戏，攻击路边的小动物。直到有一天，一个塞万提斯的工程师碰巧路过这条路，才发现这些晶体竟然是钻石。

我们时常就像这个农民和他的儿子一样，每天踩在粗糙的钻石路面上却从不曾发现它们的价值，直到某天有人指出来才翻然醒悟。

每个人都是上天的宠儿，在通常情况下，上天都会无私而公平地将我们的美隐藏起来，悄悄地等待人们去发现，而这就需要拥有一双善于发现的慧眼。无论是晨曦的柔和、雄鹰的自由、泉水的静逸，抑或是感激的微笑、鼓励的眼神、援助的双手，都是一种美丽。美就是一种和谐，不管是哪种艺术类型以怎样的形式表现出来，只要达到一种和谐，就会被人接受，就会被认为是美的。

美不仅仅只靠眼睛看到，更需要用心去体会。在心上长一双眼睛，看到的也许就是情操与人性的美。“先天下之忧而忧，后天下之乐而乐”的崇高志趣、“鞠躬尽瘁，死而后已”的为政风范、“天下兴亡，匹夫有责”的爱国精神，不都是一种美的升华吗？

一件稀世的珍品无疑有其美的本质、美的价值，可为什么那么多人都没有发现呢？因为其美的内核包在丑陋的外壳之下，非“火眼金睛”不能发现。天文学家靠的是天文学的知识，而作家则借助一颗善于感受、富有思辨的心。

在生活中，如果你能保持宽容之心、淡泊之念，思考的角度自然就会转换，发现美的眼睛自然就会充满智慧。

★ 猫头鹰 ★

凡事不要太较真儿

【动物故事】

猫头鹰是鸟类中的怪类，对于多数鸟类而言，它们夜间的视力都极差，一到夜里它们就变成了“睁眼瞎”，而猫头鹰却长着与众不同的眼睛，它们的眼睛的眼瞳后面有一个反射光线的膜层，可以使光线能再次透过瞳孔感光，从而大大地加强了夜间的弱光视力，所以，它们在夜间能够看清楚出来偷食的老鼠，并能成功地将它们捕获。

但是，在夜间，猫头鹰除了要捕食以外还要休息，所以它们常常会睁一只眼、闭一只眼。对于那些偷食的大老鼠，只要被它们发现，就会立刻将它们拿下，绝不手软。而对一些小老鼠，它们却并不去计较。正是因为此，猫头鹰才能在填饱肚皮的同时还能得到充足的休息。

【动物启示录】

俗话说，水至清则无鱼，人至察则无徒。如果不是什么大是大非的事情，你也不妨学学猫头鹰——睁一只眼，闭一只眼，不去太较真儿，这样才能让自己的身心获得更多的休息。

要知道，世间的许多事情都是可以睁一只眼，闭一只眼的，若是凡事都较真、都讲究原则，只会让你的内心受累，甚至还会付出巨大的代价。

平时我们在与周围的人或朋友相处的过程中，总会遇到双方意见不统一的情况，这时候，我们很容易就会因为坚持自己的观点而与对方发生争论。毫无疑问，争论对于认清事物的真相是至关重要的，但是凡事必要较个真儿、争个明白的做法是不可取的。你可以试想一下：当你被他人误解时，如果你急于证明自己而反复向对方作出解释，很有可能会被他人误认为是恼羞成怒，结果有可能会越描越黑，不仅没有解决问题，还浪费了时间和精力，同时还影响了你与对方之间的关系，这无疑是得不偿失的。对于此，最好的解决方法就是将心胸放宽一些，睁一只眼、闭一只眼，尤其是对于一些根本无伤大雅的小问题，你更没有必要非与他们去较劲，否则，就算你能赢得口头上的胜利，却给自己徒增了几分烦恼和忧虑。

张波是某知名大学毕业的大才子，不仅能诗善文，而且还善于辩论，但是他却并不受周围朋友和同事的欢迎，因为他太爱与人较真儿了。

一次，张波参加同事的婚礼，本来是十分喜庆的场面，但是张波却因为他的较真把场面搞得很尴尬。

婚礼开始了，只听司仪说："在座的朋友们都知道，新郎和新娘是'青梅竹马'，'青梅竹马'意味着什么呢？我先向大家介绍一下这个成语的来历:相传宋代的时候有位著名的女词人李清照,与丈夫赵明诚很是恩爱……”司仪的解释显然是错误的,但是在场的人出于礼貌,谁也没去说破,但是张波却忍不住,大声在台下说道:“这位先生,你解释错了,这个成语出自李白的《长干行》……”顿时,那个司仪脸上红一阵、白一阵,但是对方又是个嘴硬的人,为了挽回面子,他就很不好意思地说:“这位先生,你说它是出自李白写的诗,那么你能说出它的具体寓意吗?”

张波得意地说:“当然能了”,说着就当场背诵起了《长干行》……台上的新郎和新娘一下子僵住了,这也让司仪的面子尽失,本来热闹的场面顿时也冷清了许多。这时候,新郎很不高兴地将他叫到一边说:“人家是来帮我的忙的,你跟人家较什么真儿呀!这是结婚,又不是学术辩论会……”

毫无疑问,拥有渊博的知识、出众的口才能够增加自身的魅力,但是如果每个人都像张波那样,经常因为一些无关紧要的事情与他人较真,那么我们的优点就会立即变成我们的缺点。所以,在很多情况下,我们最好能够适当地糊涂一下,睁只眼,闭只眼,一笑了之,同时也要以一种包容的心态去面对身边的人与事,放下过多的计较,就会得到快乐和开心。

另外,对于人生中的一些利益得失和恩怨是非也不要过多地较真儿。在非原则问题上不去计较,在某原则问题上也要大事化小、小事化了,在许多细小的问题上更不要去做无休止的纠缠。要理智地去处世,学会适应各种环境、应付各种逆境。以自己理智的“糊涂”化险为夷,以这种聪明的“糊涂”可以平息可能会发生的种种矛盾。

当你明白了这些,就不会经常发出“举世皆浊,唯我独清、举世皆醉,唯我独醒”的感叹,才能在融洽、平等、祥和的气氛中处理一切问题,才能给自己制造一个快乐、自由的心灵空间,才能让你更好地去吸取别人身上的种种智慧和力量,才能让自己的人生更加圆满、更加顺利。

★ 金龟子 ★

会低头才能更轻松

【动物故事】

金龟子是一种趋光性昆虫，在它们的视网膜上有一种色素，能够吸收某种特殊波长的光，并能够引起反应，所以它们很是喜欢往有光亮的地方飞。

在一个阳光明媚的下午，一只金龟子从敞开的窗子飞进了一幢漂亮的房子中，一圈圈地不停地飞舞着。过了几分钟，它觉得自己飞错了地方，就想赶快飞出去。它拼命地向高处有光的地方飞，但就是飞不出去。

其实，有好几次，只要它往低处飞一下就能成功，但它却迟迟不肯低头，总是不停地向高处飞，始终没能够成功。最终，它耗尽了全身的力气，奄奄一息地落在了地板上。

【动物启示录】

在现实生活之中，有许多人都会如金龟子一样，遇事不肯低头，结果把自己累得身心疲惫。其实，每个人在一生中都或多或少会遇到压力，当你承受不住的时候，不妨灵活地弯曲一下，向生活低个头，那么你就会获得轻松和快乐。

在很多时候，一个人的力量是有限的，当你无法承受来自生活各方面压力的时候，就要学会低头。学会向生活低头并不是懦弱的表现，而是获得轻松快乐的一种途径。如果你总是昂着头，只会错失当下的美丽风景，甚至还会使自己身心疲惫，耗尽你的精力，也会为此付出极大的代价。

在工作中也是如此，如果你一味地付出，不懂得适当地低下头，可能会使你的身心走到崩溃的边缘。

安妮是一家著名企业的职员。在领导眼中，她是一个出色的员工，工作极为负责、任劳任怨。平时，只要是工作上的事情，她都会抽时间一丝不苟地去完成。对于她来说，熬夜加班是家常便饭。她时常觉得自己快要崩溃了，却一直强忍着。有时候，由于工作任务太重，她还会为此而号啕大哭。

在他人眼中，外企的待遇高，是打工者的天堂，但是，待遇高，付出的艰辛也很多，而且竞争还很激烈，稍不留神就有可能被淘汰掉。为了保住自己的工作，安妮只好没日没夜地加班。这样的生活持续了 3 年，安妮越来越觉得累。特别是最近，她一到星期一就感到头痛，而且日常生活也变得极为单调，没有爱好，没有朋友，更没有乐趣，她觉得自己快要疯掉了。

此外，对于每天的工作，她也只是疲于应付。领导每次派给她什么工作，她只管埋头苦干，感觉精神压力大极了，而且自己从来没有停下来想过自己这样做究竟是为了什么。她也从来不知道向工作低下头，去适当地休息一下，享受一下生活中的其他乐趣。

在很多时候，低头是一种理智的选择、是一种韧性的追求。一些弱小的生命为了避免过早地夭折和被毁灭，就会暂时放弃自己的欲望，保全生命后再做打算。而在生活和工作面前，人类如果也能适时地低下头，就能够及时地卸去压在心底的那份多余的沉重。

有一个人曾问一位智者这样的问题："你是富有智慧的人，那请你告诉我，天与地之间的距离有多远?"听了这样的问题，智者笑着答道："不多不少，刚好 3 尺。"那个人急了，就说："胡说，我们每个人都有四五尺高，天与地的高度只有 3 尺，那我们还不把天给戳出许多窟窿?"智者说，"在这个世界上，凡是高度超过3尺的人，要能够长久地站立于天地之间，首先要懂得把头低下来！”我们都是凡人，我们要想好好地生活于天地之间，要想活得更为轻松和快乐，就要懂得弯曲才是。

所以说，那些眼睛总是盯着前方和高处的人要适当地低下头，否则，你终会因为撞上挫折的“门框”而弄得头破血流，终有一天你会摔跟头，给自己带来不必要的创伤甚至牺牲。总有一天，你就会知道，在生活中，只有会低头的人才能真正享受到生活的真谛，才能更好地保全自己，获得极为精彩和圆满的人生。

★ 乌龟 ★

不必急躁，慢一点儿就好

【动物故事】

在动物界中，普通的动物一般都只能活几个月甚至几十年的时间，但是有一种动物却能活到上百年，它就是乌龟。为此，它被人们称为动物界中的“老寿星”。

它们的行动极为缓慢，慢到什么程度呢？有人测出它爬行的速度约为0.07米每秒，而且它们吃饱喝足以后一般都躺在自己的家里睡大觉。即便是遇到紧急的事情，它们也会先把头缩进自己的硬壳里，然后再慢慢地找个安全的地方逃跑，正因为乌龟遇事不急躁，才能活得那么久。

【动物启示录】

正因为乌龟行动缓慢，才比其他动物活得更长久。其实，人类也是一样，遇事不可过于急躁，需要慢一点儿，这样才能让自己的人生多些快乐，少些烦恼和焦虑，也等于延长了自身的生命。

张婷是一家著名企业的产品推广主管，她在工作方面表现很出色，但周围的同事却认为她是个极为苛刻、不够宽容的人，这主要源于她太过急躁的性格。

在平时的工作中，只要是领导下达的任务，她都能够尽心尽力去完成。为此，她总能够得到领导的表扬，但是，为了提前完成任务，她对下属却要求极为苛刻，明明需要一星期完成的任务，她都要求 3 天完成，不仅把自己弄得焦头烂额，还让属下的员工忙得手忙脚乱，都感到精神压力极大。同时，如果部门内部哪个环节出了问题，耽误了时间，她就会大发雷霆，而且还会扣除相关员工当月的奖金，让她的下属都叫苦连天。

对于此，张婷自己也是有理由的，她说："我也不想把大家都置于紧张中，但是我就是无法忍受那种慢吞吞的做事风格。我已经习惯了高效率的工作状态，一看到那些效率低的员工就会忍不住发脾气。对于此，我也非常苦恼，我平时的工作压力大极了，经常头痛、失眠，焦虑也经常伴随着我，而且整个人也经常会莫名地焦躁不安，动不动就会生气……"

其实，张婷的急躁主要源于她对工作太过追求完美，她总是不甘落后、不满足于现状，只要有工作任务就会马上动手去干，干不好就会不舒服，这样做也无非是想得到领导的赏识。但是，如果背负如此大的痛苦去换取领导的赞扬，就有些得不偿失了。

在现实中，许多人也有类似的感受：只要心头有事压着，就想马上动手去将它们完成，既不去做认真的规划，也不准备，遇到烦琐的事情恨不得"快刀斩乱麻"，一下子都想把所有的问题解决掉、所有的矛盾都化解掉，但是完成不了，心中又会产生一些挫败感，总是惶惶不可终日。这时候，他们根本听不进去他人的意见与建议，甚至还会对提意见或建议的人大发雷霆……总之，他们感觉神经就好像上了发条一样地紧张，仿佛永远无法得到平静。

其实，在这个时候，你只要在心中告诉自己：慢一下就好，并努力让自己的心情平静下来，适当地放松自己，不刻意去苛求什么，这样也许能够找到更好的解决方法，也可能会让自己在愉快中将所有的问题和矛盾处理掉。

另外，在生活中，还要去培养自己的耐心，不必过分地追求完美，也不要去苛求他人，理性而又积极地认清楚自己，这样才能够让自己时刻保持清醒的头脑，从而更有效率地去解决所有的问题。同时，在做事情之前，最好能做好周密的计划或规划，在遵守自己的原则之下进行灵活的变通，这样才能够在轻松、快乐之中达到自己的目标。